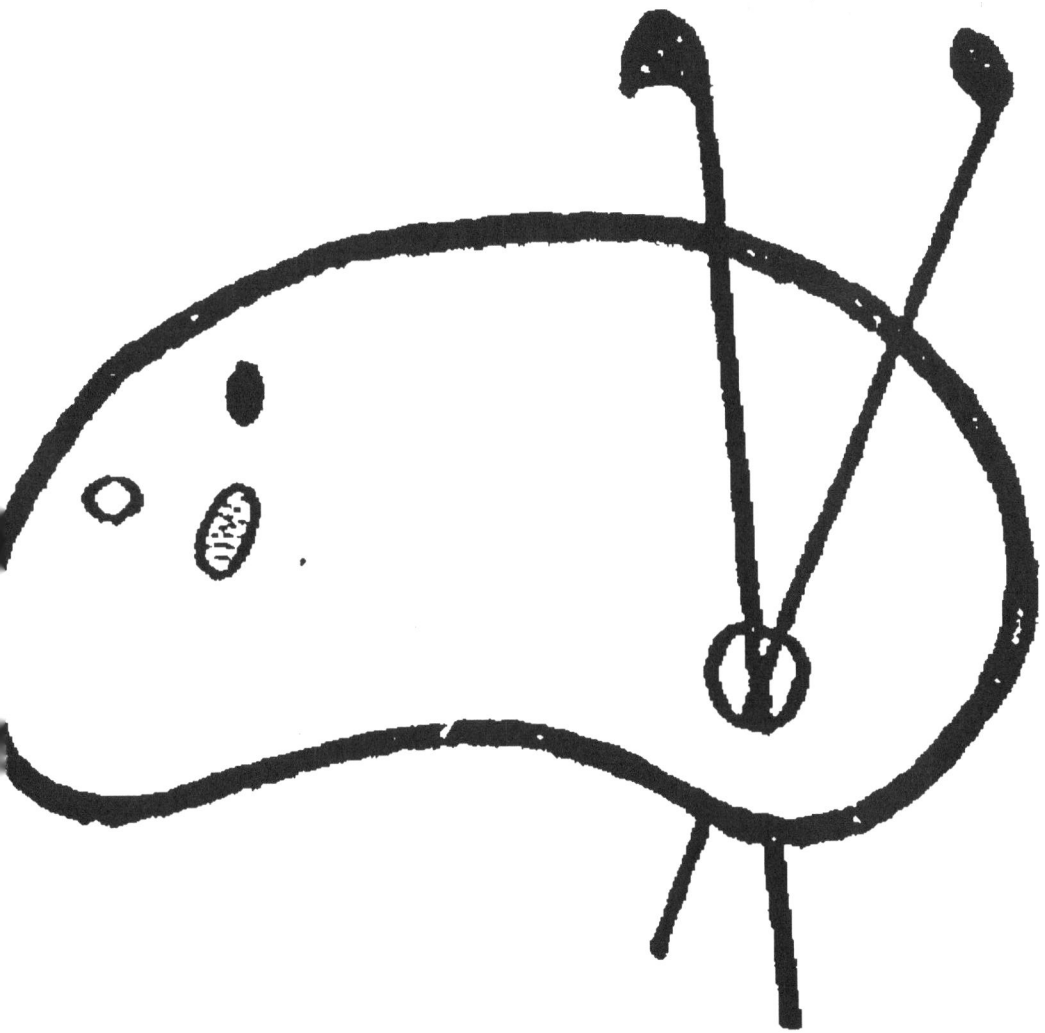

COUVERTURE SUPERIEURE ET INFERIEURE
EN COULEUR

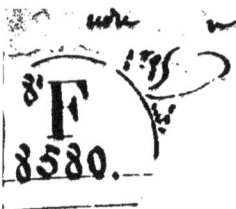

MANUEL

DES

SOCIÉTÉS DE CRÉDIT

AGRICOLE

(Loi du 5 Novembre 1894)

PAR

M. Ed. BENOIT-LÉVY

AVOCAT A LA COUR DE PARIS
SECRÉTAIRE GÉNÉRAL DE LA SOCIÉTÉ DE PROPAGATION DU CRÉDIT POPULAIRE
OFFICIER DE L'INSTRUCTION PUBLIQUE

CONTENANT

Le Commentaire et le texte annoté de la Loi
Des Statuts-Modèles
Et l'Indicateur des formalités de Constitution
Et suivi d'une Notice sur la situation actuelle
du Crédit populaire en France

PRIX : 1 FRANC 50

PARIS

AU SIÈGE DE LA SOCIÉTÉ DE PROPAGATION DU CRÉDIT POPULAIRE

17, Boulevard Saint-Martin, 17

—

FÉVRIER 1895

MANUEL

DES

SOCIÉTÉS DE CRÉDIT

AGRICOLE

TOURS. IMPRIMERIE ROGER DUBOIS

MANUEL

DES

SOCIÉTÉS DE CRÉDIT

AGRICOLE

(Loi du 5 Novembre 1894)

PAR

M. Ed. BENOIT-LÉVY

AVOCAT A LA COUR DE PARIS
SECRÉTAIRE GÉNÉRAL DE LA SOCIÉTÉ DE PROPAGATION DU CRÉDIT POPULAIRE
OFFICIER DE L'INSTRUCTION PUBLIQUE

CONTENANT

Le Commentaire et le texte annoté de la Loi
Des Statuts-Modèles
Et l'Indicateur des formalités de Constitution
Et suivi d'une Notice sur la situation actuelle
du Crédit populaire en France

PRIX : 1 FRANC 50

PARIS

AU SIÈGE DE LA SOCIÉTÉ DE PROPAGATION DU CRÉDIT POPULAIRE

17, Boulevard Saint-Martin, 17

Février 1895

LOI DU 5 NOVEMBRE 1894

RELATIVE A LA

CRÉATION DE SOCIÉTÉS

DE

CRÉDIT AGRICOLE[1]

CHAPITRE I. — INSTITUTION DU CRÉDIT AGRIOCLE.

1. — Crédit agricole. — Son objet. — La question de l'organisation du crédit agricole n'est pas nouvelle ; elle s'est de tout
temps imposée à l'attention du législateur.

La situation de l'agriculteur au commencement de ce siècle était
singulièrement précaire : la culture était extensive, biennale ou
triennale selon les régions, elle ne faisait aucun progrès, n'ayant ni
méthode, ni capital d'exploitation. Bétail mince, lui aussi, vi-
vant maigrement, — et dont le fumier était le seul engrais que le
maître employât. Quand celui-ci avait payé le propriétaire et le
fisc, il lui restait à peine de quoi vivre. C'est encore, pour beaucoup, la situation d'aujourd'hui.

La métholo, pourtant, a fait des progrès considérables. Mathieu
de Dombasle améliore les systèmes du culture et perfectionne les
instruments. La théorie minérale et les lois de la nutrition des
plantes viennent agrandir encore l'horizon et éclairer l'avenir.
Grâce aux indications de toutes sortes qui lui sont prodiguées, le
paysan exempt de routine pourra augmenter sensiblement le ren-
dement de sa ferme.

---

1. — Dépôt du projet à la Chambre des députés, 10 mai 1890 (*Doc. parl*
n° 547. *J. off.* p. 700). Rapport de M. Bertrand, 5 juin 1890 (*Doc. parl.* n° 637.
J. off. p. 952). Rapp. de M. Mir. 2 avril 1892 (*Doc. parl.* n° 2006 (*J. off.* p. 206).
Discussion, 17 mai, 11, 16, 18, 20 juin 1892 (*Déb. parl. J. off.* p. 578, 711. 821
851. 870). Adoption, 29 avril 1893 (*Déb. parl. J. off.* p. 1291). — Transmission
au Sénat, 4 mai 1893 (*Doc. parl.* n° 155, *J. off.* p 459). Rapport de M. Labiche.
13 mars 1894 (*Doc. parl.* n° 43 *J. off.* p. 87). Adoption, 21 mai 1894, (*Déb. parl.*
J. off. p. 497). — Renvoi à la Chambre des députés, 28 mai 1894 (*Doc. parl.*
n° 654. *J. off.* p. 856). Rapport de M. Codet, 7 juillet 1894 (*D c. parl.* n° 787
J. off. p. 1117). Adoption, 27 octobre 1894 (*Déb. parl. J. off.* p. 1991. —
Promulgation, 6 novembre 1894 (*J. off.* p. 5587).

Seulement, il ne lui manque qu'une chose, la principale : le petit capital nécessaire à l'exploitation de la propriété. Il ne s'agit pas de trouver de l'argent pour acheter une terre, pour construire une dépendance, en un mot pour des améliorations foncières perma- nentes qui augmentent la valeur du fonds. Nous avons en vue, en parlant de crédit agricole, l'avance des sommes, peu importantes relativement, nécessaires à l'achat d'engrais, de semences, au com- plément du cheptel, à l'acquisition de bestiaux, au renouvellement de l'outillage, etc.

Existe-t-il des moyens de mettre à la disposition de l'agriculteur cette petite avance dont il a plus que jamais besoin en l'époque, — difficile pour tous d'ailleurs, — où nous vivons ? L'avance est petite, à ne voir que l'individu ; c'est par centaines de millions que l'on compte si l'on additionne les demandes prévues. Y a-t-il une orga- nisation d'État qui puisse assumer la responsabilité de pareilles ouvertures de crédit ?... Les faits, comme le raisonnement, établis- sent que non.

Notre législation contient-elle donc des dispositions qui entra- vent le crédit des agriculteurs et qui le placent dans des condi- tions désavantageuses relativement à celui des commerçants et des industriels ?

13. — Conditions actuelles du crédit agricole. — Amé- liorations souhaitables. — L'agriculteur peut aujourd'hui em- prunter sur hypothèque ou garantir par une hypothèque une ouverture de crédit : mais tous nos lecteurs connaissent de quels droits sont grevées et la constitution d'hypothèque, et la vente for- cée. Pour une somme de 1,000 fr., les frais de constitution d'hypo- thèque sont de 45 fr. 30. Pour une vente de 500 francs et moins, les frais sont de 123 fr. 72 par 100 fr. du prix ; de 500 à 1,000 francs, ils sont de 47 fr. 30 % ; de 1,000 fr. à 2,000 francs, ils sont de 27 fr. 42 %. (*Bulletin du Ministère de la Justice*, compte rendu de 1889.) Ces lourdes charges qui grèvent le prêt hypothécaire et s'appesan- tissent surtout sur les petits emprunts, est-ce tout ? Non. Il faut apprécier la garantie hypothécaire, la valeur du titre, les charges du fonds, les causes clandestines de résolution — et on aura recours aux soins du notaire : d'où, honoraires et perte de temps.

Elles sont aussi justes qu'autrefois, ces paroles du procureur général Dupin : « Dans l'état actuel de notre législation : en ache- tant, on n'est jamais sûr d'être propriétaire ; en payant, on n'est jamais sûr d'être libéré ; en prêtant, on n'est jamais sûr d'être rem- boursé. »

Les considérations qui précèdent sont devenues tellement pres- santes qu'une nouvelle réforme des droits fiscaux, qu'une refonte

du système foncier français, sont à l'étude. Elles s'appliquent d'ail·
leurs aux garanties foncières qui peuvent être données par le cultivateur ; or, c'est à son « crédit mobilier » que nous avons hâte
d'arriver.

Une cause incontestable de la défaveur du prêt agricole, quand le
prêt commercial est, au contraire, si usuel, — c'est évidemment le
caractère civil de l'engagement contracté par le cultivateur : les
formalités de poursuite sont plus longues, plus onéreuses, outre
que l'engagement ainsi pris n'est pas négociable à cause de l'é-
chéance à long terme qui y est fixée.

Le long terme, ce n'est pas un obstacle : nous avons dit que l'a-
griculteur pouvait emprunter à 3 et à 6 mois, et non pas seulement
à 9 mois, comme il est de coutume de le dire.

Dans tous les cas, rien n'empêche de faire deux renouvellements
pour rendre l'engagement escomptable, et c'est ce qui se fait déjà
dans plusieurs associations.

Quant à la compétence donnée au tribunal de commerce pour la
demande en paiement, elle serait résolue par la commercialisation
des engagements contractés par les agriculteurs, *quand ces engagements prendraient la forme à ordre*. C'est peu compliqué et ne
soulève pas de bien grosses difficultés, comme on pourrait le croire
en lisant les monceaux de pages que cette proposition a fait noir-
cir. Cette solution ne présente aucun inconvénient, au contraire ;
elle supprime une exception qui n'a pas raison d'être. Le Code de
commerce (art. 631, § 3) ne donne-t-il pas compétence aux tribunaux de commerce pour la connaissance de tout acte de commerce
« entre toutes personnes » ? L'émission et l'endossement d'un billet
à ordre ne devraient-ils pas toujours constituer un acte de commerce ? C'est en effet le Code de commerce qui règle la forme des
billets à ordre, l'endossement (mode de cession étranger au droit
civil), la solidarité des cosignataires (qui ne se présume pas en droit
civil) et qui, de plus, édicte la compétence du tribunal de commerce quand le billet à ordre a reçu, en cours de circulation, une
signature commerciale. Ce dernier cas est le plus fréquent ; pourquoi ne pas le rendre général, tout comme pour la lettre de change ?

On peut objecter que le commerçant peut faire honneur à sa signature parce qu'il a toujours un marché ouvert à ses produits —
ou parce que la nature ne lui fait jamais faillite ; mais le commerçant est soumis, lui aussi, à bien des aléas. Tout au plus le cultivateur sera-t-il forcé de vendre ses produits à contre-temps, dans un
moment défavorable. Alors intervient la création de magasins généraux agricoles, qui peuvent rendre, à ce point de vue, des services
considérables.

La commercialisation de tout engagement à ordre, — nous bornerons là notre incursion dans la voie commerciale, repoussant pour le moment tout ce qui irait au delà sur le terrain de l'assimilation entre le cultivateur et le commerçant.

Une autre difficulté, plus délicate celle-là, c'est l'impossibilité pour l'agriculteur de donner en gage son actif mobilier ; ici se place la théorie du gage sans dessaisissement.

On sait qu'une partie du capital de l'agriculteur est *immobilisée par nature* (récoltes pendantes ou coupes futures) ou *par destination* (objets placés par le propriétaire pour le service et l'exploitation du fonds). Mais le restant (ustensiles et animaux) ne peut être donné en gage que si on le met en la possession du créancier ou d'un tiers convenu, et pourtant l'agriculteur ne pourrait s'en dessaisir, sans préjudice pour son exploitation. Aussi a-t-on demandé, dans certains systèmes, la mobilisation des objets déclarés immeubles par nature et la possibilité de constituer des gages sans déplacement des objets donnés en nantissement.

En ce qui touche la mobilisation des objets déclarés immeubles par destination, nous ferons remarquer que rien n'empêche aujourd'hui le fermier propriétaire de donner en gage un objet faisant partie de son matériel d'exploitation, pourvu que cela ne préjudicie pas à un créancier hypothécaire, pourvu aussi que le gage soit déplacé. Mais le législateur a cru sage de ne pas séparer du fonds les objets nécessaires à son exploitation. Il ne veut pas « qu'une saisie-exécution vienne empêcher la récolte de se produire et l'usine de marcher. » (Boitard.)

Nous ne voyons pas d'intérêt à cette réforme des articles 520 et suivants du Code civil ; partisan de l'*Homestead*, nous voudrions plutôt que le domicile et une certaine étendue de terres fussent déclarés insaisissables (tout comme une pension alimentaire). Voilà une réforme utile, nécessaire à la conservation de bien des familles rurales. Aussi, loin de supprimer l'immobilisation prescrite par le Code, nous voudrions qu'elle fût étendue au fermier-locataire, quitte à organiser une procédure simple et peu coûteuse pour l'exécution forcée de ce nouvel immeuble.

On peut admettre au contraire la mobilisation des récoltes pendantes et des coupes de l'année, que le cultivateur a déjà le droit de vendre à l'avance ; il n'est pas mauvais qu'il puisse tout aussi bien les donner en gage pour n'être vendues qu'au moment le plus favorable. « En limitant le crédit aux objets destinés à la vente, — disait M. de Brionne en 1881, — on ne fait qu'anticiper la réalisation de la valeur et du nantissement. En l'étendant au delà, on aide l'agriculteur à liquider son exploitation. La limitation permet à l'agriculteur d'acheter et de vendre en temps utile, l'extension l'aide à compléter sa ruine. » Réduit à ces termes, le gage sans déplacement n'a pas d'inconvénient; il existe aux colonies. Peut-être faudrait-il compléter le système de publicité dont il faut entourer cette constitution de gage ; peut-être aussi faudrait-il renforcer l'article 408 du Code pénal.

Quoi qu'il en soit, il y a une chose sur laquelle tout le monde sera d'accord : simplification de la constitution du gage et de l'exécution, en se rapprochant de ce qui se passe en matière commerciale.

Sera-ce suffisant? Ne faudra-t-il pas, pour que ce gage consistant en récolte ou en coupe ait une valeur appréciable, qu'il soit assuré contre les fléaux qui peuvent l'anéantir ? C'est affaire aux individus que de contracter les assurances qu'il convient, en attendant que le Parlement ait examiné s'il incombe à l'Etat d'organiser l'assurance agricole et de la rendre obligatoire.

Voilà à quoi se bornent, selon nous, les réformes souhaitables ; c'est peu de chose en apparence: commercialisation des engagements à ordre, nantissement de la récolte pendante ou de la coupe de l'année, constitution du homestead ; c'est beaucoup en réalité. Il appartiendra aux syndicats de compléter cela par l'organisation des magasins généraux de l'agriculture (avec le concours des communes, des arrondissements et des départements), et l'Etat verra s'il ne doit pas de son côté organiser l'assurance agricole obligatoire ou aider à son développement.

3. — Conditions nécessaires du crédit agricole. — Son organisation par en bas. — On remarquera que les réformes projetées, — et les ayant résumées ci-dessus, nous nous dispenserons de faire la revue détaillée de tous les projets qui ont porté ces réformes devant le Parlement, — se proposent toutes d'augmenter le crédit réel de l'agriculteur, mais qu'elles ne font rien pour son crédit personnel : et cela pour une bonne raison, c'est que celui-là ne s'organise pas législativement. On a confiance dans quelqu'un ou bien on ne l'a pas... affaire d'appréciation de la part du prêteur.

Mais malheureusement, même si nous supposons un agriculteur jouissant d'une bonne réputation, travailleur, expérimenté, offrant toutes les garanties morales qu'on peut souhaiter, — cet agriculteur ne trouvera pas facilement le crédit dont il a besoin, même si la somme est modeste.

En effet, il faudra s'adresser au banquier pour lui demander l'escompte d'un billet; le banquier sera peu tenté de faire l'opération, car il préfère les clients qui escomptent souvent et qui sont plus rapprochés de lui. Or ce paysan qui habite au fond de la campagne qui est-il, que vaut-il, paiera-t-il ?... Voilà le nœud véritable de la question.

M. Touillon, dans sa Thèse sur le crédit agricole, dépeint bien cette situation : « Cette probité, cette capacité sont des forces de crédit d'autant plus énergiques qu'elles ont plus de notoriété, plus de rayonnement. Eh bien ! les conditions modestes, la retraite au sein de laquelle s'écoule l'existence du cultivateur ; la difficulté qu'il y a, si l'on n'est pas du métier, à se rendre compte de l'habileté d'un chef d'entreprise agricole, cette double circonstance limite à une sphère très restreinte la puissance que les qualités personnelles de l'emprunteur communiquent à son crédit. Sans doute leur influence s'exercera fortement sur les voisins, sur les habitants de la commune ; elle se fera sentir encore, quoique affaiblie, dans le canton, mais elle dépassera rarement cette limite. »

Et M. Méline disait bien justement à la Chambre (1892, *Journ. off.*, Débats, p. 823) : « Les capitalistes sont trop loin des agriculteurs et ils n'ont la possibilité ni de se procurer des renseignements, ni d'exercer ce contrôle. Il n'y a que les agriculteurs eux-mêmes, que les habitants de la commune habitée par les emprunteurs, ses voisins et ses amis, qui puissent fournir ces renseignements. Eux seuls sont en mesure de savoir ce que vaut chaque agriculteur au point de vue du crédit, quelle est sa *capacité*, sa *probité*, et par conséquent les chances de remboursement qu'il offre à l'échéance de sa dette... Si vous voulez obtenir la vérité tout entière (de l'agriculteur sur son voisin), il faut qu'il ait un intérêt personnel à vous la dire, qu'il soit engagé dans la réponse par la responsabilité non seulement morale, mais encore pécuniaire... »

Celui qui donne de bons renseignements sur son voisin doit pouvoir se porter caution pour lui, surtout s'il ne s'agit que d'une garantie peu importante.

On comprend toutefois qu'un ami, qu'un voisin hésite à donner cette garantie tout seul, car, si sûr qu'on soit de la solvabilité de l'emprunteur qu'on cautionne, il y a toujours une certaine chance à courir. Mais que sera cette responsabilité si quinze, vingt, trente camarades ou voisins consentent à la partager ? C'est peu de chose pour chacun, même dans le cas bien improbable où on aurait une perte à supporter.

La création de sociétés locales, intermédiaires entre l'individu et le banquier, voilà la solution ; il n'y en a pas d'autre à nos yeux. Et ce n'est pas une vérité nouvelle que l'on proclame là, car il y a bien des années que l'expérience est faite à l'étranger et qu'elle est inutilement signalée à l'attention de nos concitoyens.

4. — Schulze-Delitzsch et Raiffeisen en Allemagne. — Luzzatti et Wollemborg en Italie. — Que l'on parle de banques populaires ou de caisses agricoles, le principe est le même : c'est celui sur lequel Schulze-Delitzsch a basé un des plus grands progrès économiques qu'ait réalisé l'Allemagne, — la solidarité des associés.

En formant une « Union de crédit » de tous ces gens dont l'avoir est peu de chose, quelquefois rien que l'honorabilité dont on fait l'équivalent d'un capital, Schulze crée la base d'un crédit sérieux ; la signature de ces Unions, dont tous les membres répondent sur tous leurs biens de la signature les uns des autres, va faire, du papier qu'elles négocient, des valeurs disputées.

Nous renvoyons à d'autres écrits pour la biographie de Schulze et de Raiffeisen et pour la comparaison de leur œuvre. Contentons-nous de dire ici que l'Allemagne compte plus de huit mille institutions des deux types et que c'est par centaines de millions que se chiffrent leurs opérations. Elles reçoivent de toutes part des dépôts en telle quantité qu'elles sont souvent obligées d'en refuser.

Le principe de la solidarité n'est plus absolu ; dans quelques Sociétés, on limite la responsabilité à une fois, deux fois, dix fois, etc., l'action. Mais ce qui avait réellement inspiré confiance à la banque et à l'épargne, dans les débuts, c'était cette responsabilité solidaire.

Il en a été de même en Italie quand Wollemborg (après Luzzatti qui fonda des banques populaires à responsabilité limitée) créa des Sociétés rurales du type Raiffeisen (pas de capital, responsabilité solidaire). Ces Sociétés se comptent maintenant par centaines en Italie et, lors des dernières crises, elles ont soutenu le choc de façon à provoquer une admiration générale ; comme le dit si justement M. Eugène Rostand, elles ont victorieusement traversé « l'épreuve du feu. »

Qu'est-ce que la caisse rurale, quels sont les effets de la responsabilité solidaire ?

8. — Caisse agricole — Responsabilité solidaire. — Avant d'arriver à la loi nouvelle, pour faire comprendre sa portée et pour pouvoir apprécier les débats qui l'ont préparée, il nous sera permis de décrire ce qu'est une caisse agricole à responsabilité solidaire, il faut pouvoir apprécier le fonctionnement de ce principe, et nous allons reproduire la démonstration que nous avons souvent faite dans des conférences sur la matière.

La Caisse agricole, telle qu'il en fonctionne des milliers à l'étranger, et déjà deux cents en France, est une Société où tous les associés sont solidairement responsables des dettes de la société.

Aussi est-il indispensable de ne recevoir dans la société que des adhérents sérieux, bien cotés, dont il n'y ait rien à dire sous le rapport du travail ni de la probité ; pour que tout le monde se connaisse bien, il faudra éviter d'exercer son action sur un trop grand territoire ; la Caisse ne devra englober qu'une, deux, trois communes au plus. Et, à notre avis, il vaudra mieux que la Caisse soit absolument restreinte à la commune même.

Le Conseil d'administration, nommé par les adhérents, ne doit consentir un prêt que si les renseignements sont bons, si la demande de fonds est justifiée.

Les renseignements, ils seront exacts. On est sur place ; tout le monde connaît l'emprunteur ; il ne peut faire un acte sans que tout le monde en soit aussitôt informé ; à la campagne, toutes les opérations se font au grand jour, et, si on essaie de les cacher, elles se divulguent bien vite. On apprécie à merveille la valeur morale et matérielle de l'emprunteur, on juge sainement l'utilité de l'emprunt qu'il veut contracter.

Car c'est une règle que nous posons : il faut dire ce qu'on veut faire de l'argent qu'on veut emprunter. La Caisse a le devoir de surveiller l'emploi des fonds prêtés et de veiller à ce que les fonds ne soient pas affectés à une destination autre que celle annoncée. Il ne faut pas qu'un sociétaire qui emprunte pour acheter des bestiaux ou de l'engrais paie, au moyen des sommes qu'on lui prête, des robes à sa femme, ou bien qu'il renouvelle le mobilier de sa salle à manger, ou bien qu'il s'offre un petit voyage, etc., etc.

Il y aurait grande chance de ne plus revoir l'argent. — A celui qui n'acceptera pas ces conditions, on ne prêtera pas.

Le Conseil a le devoir d'être sévère dans l'appréciation des demandes qui lui sont soumises. Il ne s'agit pas de faire de la camaraderie ; la chose est sérieuse et doit être dirigée très sérieusement. D'ailleurs il y a une chose qui rendra les administrateurs très circonspects, c'est qu'ils partagent la responsabilité commune et qu'ils ont le même intérêt que tout le monde à ne consentir que des opérations sûres. Personne n'a d'intérêt à ce qu'on fasse un gros chiffre d'affaires, tout le monde a intérêt à ce qu'on n'en fasse aucune de mauvaise.

La société n'a pas de capital ; il n'y a pas besoin de fonds. En effet, qu'un sociétaire présente un billet de 200 francs à escompter, — que le conseil décide d'escompter ce billet et d'y apposer la signature sociale, — la caisse réescomptera de suite ce billet chez un banquier, n'importe lequel, qui en versera aussitôt le montant. Quel banquier refusera cet effet ? Il est garanti par la totalité de tout ce qui appartient à tous les adhérents, tous responsables.

Il n'y a pas d'actions à souscrire, il n'y a rien à verser.

Il y a cependant un actif qui se constitue peu à peu, et qui s'appelle « le fonds de réserve ». Le fonds de réserve appartiendra à la collectivité, mais personne ne pourra jamais prétendre à vouloir en toucher une part. Ce fonds sera formé au moyen des bénéfices réalisés par la Caisse, bénéfices modestes mais qui finiront par faire boule de neige et à constituer une réserve importante. La Caisse fait payer à ses emprunteurs un intérêt de 3 1/2 ou de 4 0/0, alors qu'elle-même ne paie au banquier qu'un escompte de 2 1/2 ou 3 0/0. La différence va au fonds de réserve et servira, en cas de besoin, à couvrir les pertes, ainsi qu'au paiement des menus frais d'administration. Souvent ce fonds de réserve sera assez important pour qu'on puisse en affecter une partie à des objets d'utilité générale.

On a compris le fonctionnement, mais on peut n'être pas tout à fait rassuré sur les conséquences de la responsabilité solidaire. Passons donc à la pratique et prenons un exemple.

Nous allons supposer que le Conseil s'est trompé sur la valeur et sur la situation matérielle d'un Sociétaire à qui il a prêté 300 francs. Pour que la Caisse perde ces 300 francs, il faut qu'on se soit trompé du tout au tout, — cas exceptionnel, n'est ce pas? — et que le Sociétaire ne possède pas un sou, car s'il possède quelque chose, la perte ne sera que partielle !

Nous prenons donc le cas exceptionnel d'une perte totale de la somme prêtée, soit 300 francs.

Mais, la réserve, elle est là pour payer !

Eh bien, supposons pis encore ! La réserve ne possède rien, soit que la société soit trop jeune, soit que la réserve ait été absorbée par des pertes précédentes.

Malgré cela, nous affirmons que la Caisse continuera à fonctionner tout comme s'il ne s'était produit aucune perte.

La Caisse n'a pas consenti que ce seul prêt de 300 francs qui a mal tourné. Admettons qu'elle ait escompté à un banquier 10,000 francs de valeurs. Sur 10,000 francs, il y a une non-valeur de 300 francs, — restent 9,700 francs.

Est-ce qu'un banquier mettra la Caisse en demeure de lui rembourser immédiatement les 300 francs qui manquent ? Pourquoi faire ? On lui en paie l'intérêt jusqu'au remboursement, lequel se fera au fur et à mesure des premiers bénéfices qui rentreront. Pourquoi ce banquier serait-il pressé ou inquiet ? Il a pour garantir 300 francs l'avoir total de tous les sociétaires.

Et s'il fallait continuer jusqu'au bout l'hypothèse défavorable à notre système, c'est-à-dire prévoir le cas où un banquier exigerait le remboursement immédiat, il se trouvera bien un sociétaire pour avancer la somme au nom de tous les autres — ou une autre banque pour faire une nouvelle avance — ou, en fin de compte et dernière supposition, la perte de 300 francs serait partagée entre tous les sociétaires.

En poussant jusqu'aux conséquences les plus pessimistes, la responsabilité solidaire entraînerait à une participation de quelques francs dans la mauvaise affaire.

En réalité donc, rien de plus limité comme responsabilité, surtout si on rend l'Assemblée Générale seule maîtresse de décider le maximum des crédits qui seront avancés dans l'année : maximum des crédits totaux, maximum du crédit individuel... Grâce à ces précautions, aucune caisse ainsi constituée n'a subi de perte ; toutes ont des réserves et participent, par des prélèvements sur ces réserves, à des œuvres d'intérêt général.

Citons, pour terminer sur ce point, la démonstration de l'action collective (coopérative) faite par M. Wollemborg, le créateur des caisses rurales italiennes :

« Si un travailleur ne possédant rien, mais honnête et vigoureux, vous demande une avance de 50 francs, vous vous gardez d'y consentir, si vous n'entendez pas risquer votre argent. Pourtant, notez ceci : si cet homme pouvait échapper à la mort, à la maladie, et à toute autre mauvaise destinée, pendant deux ans par exemple, il serait à même, au jour de l'échéance, de vous rendre votre argent, ayant réalisé en outre quelque bénéfice. Ce n'est que ce *conditionnel* qui vous empêche de consentir l'avance demandée. Eh bien ! la solidarité le prend à sa charge. L'expérience prouve que, pendant l'espace de temps ci dessus, sur 100 travailleurs, la mauvaise destinée en atteindra 2, en moyenne. Il en résultera que 98 seront à l'abri. Cependant il est impossible de discerner d'avance les malheureux et les heureux. Mais supposez que 100 travailleurs se déclarent prêts à payer la dette de ceux qui peuvent devenir insolvables. Qu'adviendra-t-il ? On substitue le rapport d'étendue au rapport d'intensité. Par le partage des pertes, l'effet du hasard est neutralisé, et il devient naturel que le capitaliste ouvre sa caisse pour avancer à chacun de ces travailleurs, non pas 50 francs, il est vrai, mais 49 — 1 franc ; c'est la part du feu. Il n'y a là qu'une application du principe de l'assurance.

« Telle est la fonction économique de la solidarité. Par elle le créancier trouve une garantie établie sur ce double fait : que la surveillance de la majeure partie des forces de travail qui composent le groupe solidaire est certaine jusqu'au jour de l'échéance, et que la majeure partie de ces forces ne fera pas faute pendant le même délai. C'est ainsi qu'on arrive à donner une garantie aux capitaux, sans capitaux servant de garantie. C'est le véritable crédit au travail productif. On peut comparer le groupe solidaire à un faisceau d'osiers ; ce n'est pas la destruction de quelques osiers qui anéantit la vigueur du faisceau. C'est ainsi que le travailleur, qui, par la confiance qu'il a su mériter de ses compagnons, est *digne* de crédit, devient, grâce au lien qui les soude les uns aux autres, *capable* de crédit aussi. »

— En ce qui touche la portée des institutions coopératives de crédit au point de vue de l'éducation économique et du relèvement moral des sociétaires, nous aurions trop à dire pour la place qui nous est réservée. Contentons-nous de renvoyer pour cette partie très intéressante du sujet au Bulletin du crédit populaire (1891) et aux comptes rendus des congrès annuels du crédit populaire. (S'adresser au siège de la société de Propagation du crédit populaire.)

CHAPITRE II. — TRAVAUX PRÉPARATOIRES.

o. — La proposition Méline. — Les idées exposées jusqu'à ce point de notre travail furent développées brillamment au cours des congrès de l'exposition de 1889; M. Méline s'en pénétra et y puisa les principes du projet qu'il déposa bientôt après (10 mai 1890).

L'honorable député voulait constituer des Sociétés de crédit qui fussent les intermédiaires entre les agriculteurs et les banquiers; il pensait que le meilleur moyen d'arriver rapidement à une solution était la transformation facultative des syndicats — qui avaient pris un merveilleux essor — en Sociétés de crédit. M. Méline ne bornait pas sa proposition aux syndicats agricoles; elle s'appliquait également à l'association des petits industriels ou des ouvriers.

Ainsi que le dit M. Codet, rapporteur à la Chambre, dans un article publié après le vote de la loi :

« Le forgeron, le charron, le menuisier, le charpentier, le maçon, le peintre to l'épicier ont droit à toute la sollicitude du législateur au même titre que l'agriculteur. Comme lui ils ont besoin de crédit pour l'achat de leurs outils, de leurs matières premières, et la constitution d'un fonds de roulement. Comme eux les artisans, les petits industriels auraient joui des faveurs qu'accorde la loi sans danger pour l'ordre social. On peut même ajouter que les banques auraient eu d'autant plus de facilité pour accorder aux cultivateurs les prêts à long terme dont ils ont besoin, que leur clientèle, mêlée de petits commerçants et de petits industriels, leur aurait permis de renouveler plus facilement leurs fonds au moyen des effets à court terme de ces derniers. »

Du Congrès de 1889, M. Méline avait surtout retenu cet enseignement : c'est par *en-bas* qu'il faut organiser le Crédit agricole, — tout ce qui l'organise venant d'en haut est condamné à un échec.

« C'est en bas, c'est-à-dire dans chaque canton, sinon dans chaque commune, qu'il faut trouver ce jury de classement, si l'on peut l'appeler ainsi, composé d'hommes compétents et impartiaux, en état de déterminer presque à coup sûr, sous leur responsabilité, la capacité de crédit de chaque agriculteur ; ce jury doit composer la Banque locale qui constitue le premier anneau indispensable de la chaîne de crédit. »

Il nous paraît nécessaire, avant d'arriver enfin à la discussion au Parlement du projet Méline, de parler d'un autre projet, qui fut déposé le 1ᵉʳ juillet 1892, tendant à la création d'une Banque centrale de crédit agricole.

7. — Projet de loi tendant à la création d'une société de crédit agricole et populaire, déposé par MM. Develle, ministre de l'agriculture, et Rouvier, ministre des finances.

L'exposé des motifs retrace d'une façon très intéressante les conditions dans lesquelles se débat l'agriculture, et il arrive au point précis qu'il doit envisager : l'escompte du papier agricole.

La Banque de France ne peut ouvrir ses caisses aux agriculteurs, — même avec trois signatures, — parce que le papier dépasse forcément l'échéance de trois mois. Le cultivateur ne rentre dans les avances qu'il a faites qu'au bout de six, neuf, douze et même quinze mois.

Notons que le projet déclare ne pas devoir tenir compte, dans la question, des fléaux naturels. Le commerce et l'industrie ont aussi leurs aléas ; l'agriculteur peut y parer par l'assurance. Le projet ne voit qu'une cause d'infériorité : le délai d'échéance.

Le projet suppose existantes, sur toute la surface du pays, les sociétés de crédit prévues par le projet Méline. Où ces sociétés réescompteront-elles le papier des sociétaires ? Quelle sera la Banque centrale répondant à cette nécessité ?

La Banque de France ne peut accepter, dit le projet, le papier à longue échéance, ce serait contraire aux bases de son fonctionnement.

Il faut créer une institution spéciale, qui recevra une subvention de l'État, — et qui sera l'intermédiaire entre les sociétés locales et la Banque de France (1).

Le projet donne à la future Société une garantie d'intérêt qui ne pourra excéder 2 millions par an. La Société escomptera également les associations ouvrières. Les statuts devront être approuvés par

---

1. — En 1860 fut constitué un « crédit agricole » ; la loi du 28 juillet 1860 lui donnait pendant 5 ans une garantie d'intérêt de 400,000 fr. par an.
Cette société dura jusqu'en 1876, époque à laquelle elle liquida à la suite de pertes qui n'avaient rien de commun avec le but de l'institution : avance de 168 millions au Khédive. Le Crédit Foncier se chargea de la liquidation.

décret. Un règlement d'administration publique déterminera le mode d'application de la garantie d'intérêt donnée par l'Etat, les conditions de contrôle et de surveillance à exercer sur le fonctionnement de la société. Enfin les conventions à passer par la Société avec ses clients seraient enregistrées au droit fixe de 3 francs (1).

Adopté par la Chambre le 1er mai 1893, le projet fut transmis bientôt après au Sénat. Il y est encore.

Nous ne pouvons entrer ici dans les critiques de ce projet, qui a été repoussé par les Congrès du Crédit populaire et par tous ceux qui se sont livrés à l'étude de ces questions. Faisons seulement observer qu'à l'étranger la Banque centrale n'est venue qu'après la création de nombreuses sociétés locales ; que des associations régionales se sont formées et que ce sont celles-ci qui ont donné naissance à la Banque centrale. Rien n'est venu d'en haut, tout est parti d'en bas.

L'opinion des spécialistes est qu'il faut procéder de même en France et que l'abstention de l'Etat, en ce qui touche la Banque centrale, est la seule chose à souhaiter pour le moment.

— Maintenant que nos lecteurs, par ces exposés préalables (qu'il ne nous a pas été possible d'abréger davantage) connaissent la matière un peu spéciale qui est soumise au Parlement, passons au rapport de M. Mir sur la proposition Méline.

8. — Rapport de M. Mir. — L'honorable rapporteur ne s'attarde pas à démontrer l'utilité du crédit agricole ; il rappelle les caisses allemandes et la lutte des deux fondateurs du crédit populaire en Allemagne, Schulze et Raiffeisen. A noter cette opinion de M. Mir, qui trouve le type des caisses Raiffeisen supérieur aux caisses Schulze, au point de vue de l'appropriation au Crédit agricole.

La Commission de la Chambre et son rapporteur considèrent comme ingénieuse et féconde la pensée de transformer les syndicats quels qu'ils soient en Sociétés de crédit professionnel.

M. Mir rappelle que la loi de 1884 relative aux syndicats professionnels est assez large pour permettre aux syndicats de faire tout ce qu'ils veulent et de créer toutes les œuvres d'utilité commune. Ils

---

1. — Le projet fut rapporté à la Chambre par M. Mir. Entre autres observations contenues au rapport, notons que les avances de garantie devaient, d'après la Commission, rester acquises à la Société ; au moyen de ce sacrifice, l'Etat pouvait obtenir un abaissement du taux d'intérêt.

Le rapporteur fait observer que c'est ainsi que la loi de 1860 réglait la question. Oui, mais, en 1860, il s'agissait de 400,000 fr. pendant 6 ans, tandis qu'il s'agit ici de 2 millions par an jusqu'en 1920. D'ailleurs, n'est-ce pas contraire à l'idée même de la « garantie d'intérêt », qui n'est pas de sacrifier tous les ans 2 millions, mais de garantir jusqu'à concurrence de cette somme les pertes de l'année. Elles peuvent être nulles ou moindres.

peuvent bien, en l'état actuel des choses, créer des Sociétés commerciales de crédit, mais il leur faudra observer les formalités
longues et coûteuses de la loi de 1867 ; ce sont ces dernières entraves
qu'il s'agit de supprimer.

Le rapporteur ne se dissimule pas que le crédit professionnel va
exister par cela même qu'une loi va en faciliter l'organisation ; l'i-
nitiative privée devra faire des efforts vigoureux, avec de longs
labeurs et quelquefois des déceptions.

Les explications que donne le rapporteur en prenant un à un les
articles du projet de la commission vont montrer quelques modifications apportées au texte Méline et appeler l'attention sur certains
points.

Nos Sociétés, faisant acte de commerce, seront commerciales.

L'énumération des actes auxquelles les Sociétés peuvent se livrer
n'est pas limitative.

Au cas où le syndicat tout entier ne se transforme pas en société
de crédit, une partie des membres seulement peut se constituer en
société de crédit. Ils n'auront qu'à déposer leurs statuts. — L'introduction de cette disposition répond à l'objection faite à la transformation des syndicats en sociétés commerciales. Les sociétés de crédit pourront être latérales au syndicat. C'est un point important,
puisque c'est la solution qui sera seule retenue plus tard.

La solidarité n'existera que si elle est stipulée expressément.

La responsabilité cessera deux ans après la sortie du syndicat
« pour les faits antérieurs à la sortie », mots qui avaient été omis
dans la proposition originaire, mais qui étaient bien dans l'intention
des auteurs.

Les bénéfices nets seront affectés, jusqu'à concurrence des trois
quarts au moins, à la constitution d'un fonds de réserve, le quart
restant pourra être réparti à titre de restitution.

Au lieu d'une comptabilité « régulière » (proposition Méline), la
Commission ne demande qu'une comptabilité « suffisante ».

Les statuts seront déposés à la sous-préfecture (au lieu de la *pré.
fecture*, texte des auteurs).

D. — **Première délibération à la Chambre.** — M. Etcheverry
présente plusieurs critiques. La transformation des syndicats en
sociétés de crédit va provoquer de nombreuses démissions ; les
sociétés de crédit doivent être créées en annexes, mais elles ne doivent pas absorber les syndicats. — Les sociétés de crédit seront
commerciales ; elles doivent, même dans leur intérêt, avoir une
comptabilité complète ; en Allemagne, il y a même des reviseurs.
— Chaque associé, en cas de non paiement d'une dette sociale, peut
être poursuivi pour le tout, sans pouvoir opposer le bénéfice de la

division. En Allemagne, il faut d'abord poursuivre la société, et, si elle est mise en faillite, on ne peut réclamer à chaque associé que sa quote part. — Quel sera le droit d'enregistrement perçu sur l'acte de société? Portera-t-il sur la fortune totale de tous les associés? — La loi a le tort de se limiter aux sociétés fondées par les syndicats et aux syndicats transformés. — Elle a le tort de ne composer les sociétés de crédit que des éléments appartenant à la même profession et de les obliger à se priver de concours très utiles; la société de crédit doit fusionner les professions et les classes, et cela assure la variété des opérations. — La loi coopérative répond à tous les besoins. Il vaut mieux avoir un type uniforme.

M. Méline répond par un grand discours dans lequel il expose d'abord que l'industrie agricole peut parfaitement rémunérer les capitaux qu'elle emploie, et que la base du crédit agricole, c'est la mutualité. Il explique le fonctionnement des sociétés allemandes ; celles de Schulze n'ont guère profité à la petite culture, celles de Raiffeisen ont le tort de ne pas laisser le bénéfice de la réserve à ceux qui ont contribué à la former. — Il faut créer une société commerciale dont l'agriculteur fera partie sans devenir lui-même commerçant ; mais il faut faciliter la constitution de ces sociétés. La loi coopérative ne simplifie pas assez les formalités constitutives. « Elle ne permettra pas de créer des banques agricoles au fond de nos campagnes, de plus elle est beaucoup trop complexe » (1).

Le projet actuel ne permet pas l'action. « Nous échappons ainsi à tout danger de spéculation, et nous donnons à la constitution du capital une très grande élasticité. Le capital se composera soit de cotisations fixes, soit de parts d'intérêt. Ces parts d'intérêt pourront varier à l'infini. Chacun donnera selon ses ressources ; avec ces parts d'intérêt, on n'aura droit qu'à l'intérêt de la part. Il n'y aura pas de dividende. Le profit dans nos sociétés ne consiste pas à faire des bénéfices financiers, mais à rendre service à tous les membres de la mutualité. Par conséquent le bénéfice, s'il y en a, sera partagé en deux : une partie, la plus forte, servira à constituer le fonds de réserve. C'est par ce fonds que nous comptons donner à ces sociétés mutuelles une assiette très solide ; quant au surplus, s'il plaît aux associés de le partager, nous avons stipulé qu'il sera réparti au prorata des affaires faites par les associés avec la banque elle-même, de manière à les encourager, en les prenant par l'intérêt, à se servir de cet instrument. »

A M. Etcheverry, qui insiste sur la question de savoir si les statuts seront enregistrés, M. Méline répond que c'est inutile, que le récé-

1. — Il est regrettable que M. Méline n'ait pas *démontré* l'affirmation que nous avons placée entre « ». Car nous n'apercevons pas les raisons sur lesquelles il s'appuie.

pissé leur donnera date certaine. Ils n'auront à l'être qu'en cas de procès. L'orateur ne dit pas comment sera calculé le droit.

Voter l'organisation nouvelle pour les syndicats, c'est rendre presque immédiate l'application de la loi, c'est ne laisser ces sociétés opérer que dans le cercle des attributions du syndicat. Elles ne pourront faire d'opérations étrangères à ces attributions. Sinon, elles se constitueront en sociétés coopératives de crédit. M. Méline ne voit pas d'inconvénients à cette dualité de formes de sociétés ; pour lui les sociétés de crédit agricole seront les caisses Raiffeisen les sociétés coopératives seront les caisses Schulze (1).

L'orateur estime qu'il y a lieu d'étendre cette organisation à tous les syndicats.

Le ministre de l'agriculture, M. Develle, approuve le projet ; il pense toutefois que le syndicat s'étendra trop souvent sur un grand nombre de communes, alors que le principe de la caisse agricole est de ne comprendre que des associés voisins et se connaissant bien. Il préfère les sociétés qui se créeront entre membres des syndicats sans transformation au syndicat lui-même.

M. Mir, rapporteur, répond aux différentes objections. M. Doumer réplique. M. Méline reprend la parole. M. Arnauld Dubois intervient ; il trouve le projet incomplet, montre la nécessité du concours des caisses d'épargne, et ne croit d'ailleurs qu'au crédit réel.

M. Hubbard se place à un autre point de vue ; il rappelle le système qui demande l'autorisation pour les Caisses d'Epargnes de prêter aux sociétés de crédit agricole. Il souhaite que tous les fonctionnaires donnent leur concours à la nouvelle organisation. Il préconise les comptoirs cantonaux avec versement d'un droit d'entrée qui constituera le fonds de garantie, et avec un comité d'escompte cantonal composé de 12 membres qui acceptent le papier avec leur garantie solidaire.

Tous ces comptoirs cantonaux seront reliés à un comptoir national central de crédit agricole, composé de deux délégués par comptoir — ce qui fait 6,000 délégués pour toute la France. Le crédit agricole sera dirigé par cette « assemblée générale » de 6,000 membres. Elle examinera la solvabilité des comptoirs cantonaux ; elle réescomptera à la Banque de France ou elle émettra des billets au porteur à échéance et avec intérêt.

M. Hubbard défend un contre-projet que la commission repousse ; il soutient, entre autres choses, que la banque centrale que formeraient les syndicats agricoles eux-mêmes ne doit pas être une in-

---

1.—Avec cette différence essentielle, ferons-nous remarquer, que la loi coopérative limite à 5 0/0 l'intérêt du capital, qui est illimité chez Schulze. Il y a encore d'autres différences, notamment au point de vue de la rétribution des administrateurs ; la comparaison n'est donc pas absolument exacte.

stitution privée ; l'État ne peut abandonner à des individualités non contrôlées une pareille force financière.

Le contre-projet est retiré par son auteur sur la déclaration de M. Méline que la question du crédit populaire reste ouverte pour les sociétés non fondées par les syndicats.

M. Doumer trouve que le projet ne fait rien pour le crédit agricole, il peut en être seulement un élément d'organisation. Il ne voit pas comment se procurera du crédit l'association de gens qui ne peuvent en trouver individuellement. Une fois la loi votée, tout restera encore à faire. Et qu'est-ce que ces sociétés commerciales qui ne sont soumises à aucune des formalités qui constituent les garanties des tiers ? En est-il donc besoin, de ce nouveau type ? La loi civile permet déjà la formation de sociétés civiles à solidarité complète, et la loi de 1867 permet aux sociétés à capital variable de s'organiser à peu de frais.

Pourquoi ne permettre d'entrer dans les syndicats transformés ou dans les sociétés annexes que des cultivateurs ? On supprime ainsi les éléments de vitalité. — En somme M. Doumer trouve le projet inutile ; il attend qu'il soit complété par des moyens mettant réellement de l'argent à la disposition de l'agriculture.

M. Deroulède fait connaître que les syndicats de la Charente sont opposés à la faculté de transformation en sociétés de crédit.

10. — 2ᵉ Délibération (Chambre). — M. Quintaa demande que le gouvernement présente le plus tôt possible un projet d'assurance agricole obligatoire, que l'orateur considère comme la base du crédit. M. Martinon rappelle la proposition des « magasins généraux de l'agriculture ».

Le ministre promet que ces deux questions vont être soigneusement examinées, et cela dans le plus bref délai possible.

M. Mir demande que l'on revienne sur l'art. 4. du premier texte, et qu'on établisse l'obligation de la tenue des livres commerciaux; M. Frédéric Groussel fait adopter cette obligation, même pour les syndicats qui resteraient sociétés civiles.

11. — Sénat. Rapport de M. Labiche. — Après le vote du projet au Palais-Bourbon, le Ministre avait saisi une commission extra-parlementaire de la question du crédit agricole, et, à la suite des travaux de cette commission, la commission du Sénat proposa au texte de la Chambre un certain nombre de modifications qui reçurent l'approbation du Ministre.

1. Le titre de la loi est modifié : elle s'appellera « loi relative à la création de sociétés de crédit agricole ». Le mot « populaire » est supprimé, les sociétés visées seront purement agricoles.

2

2. Les syndicats professionnels sont des sociétés civiles. Pourquoi leur faire prendre, par les opérations de crédit, le caractère commercial. Pour la transformation du syndicat en société commerciale, avec ses responsabilités, il faut l'unanimité des syndicataires ; il est évident que beaucoup donneront leur démission. On compromettrait le développement des syndicats agricoles. On n'autorisera donc pas la transformation.

La situation des syndiqués qui ne rentreront pas dans la société de crédit, sera analogue à celle des adhérents dans les sociétés coopératives.

3. « Bien que cette hypothèse ne doive, suivant nous, se réaliser que rarement en France, on peut supposer que certaines sociétés pourront fonctionner sans capital social. » On admet donc les Sociétés du type Raiffeisen.

4. Le dépôt à la mairie et à la sous-préfecture est remplacé par celui aux greffes de la justice de paix et du tribunal de commerce.

5. L'art. 6 donne une sanction à la responsabilité de l'administration.

M. Labiche précise ainsi, en terminant, le caractère du projet :

« Nous n'avons certainement pas la pensée que cette loi suffira pour assurer à l'agriculture tous les capitaux dont elle a besoin.

« Ce n'est pas, en effet, par le crédit mobilier à court terme, le seul que concerne notre projet, qu'on peut espérer procurer à l'industrie agricole les ressources nécessaires aux améliorations foncières qui exigent une immobilisation de capitaux prolongée.

« Notre but est beaucoup plus modeste, il consiste uniquement à donner aux agriculteurs certaines facilités de crédit dont jouissent les industriels et les commerçants, à leur procurer les moyens de suppléer à l'insuffisance, trop fréquente, du fonds de roulement qui leur est nécessaire, notamment à l'acquisition des engrais, des semences, des bestiaux.

« Ces moyens de crédit à court terme, les commerçants et les industriels les trouvent dans l'escompte de leur papier. Bien que la plupart des opérations agricoles exigent une durée plus prolongée que celles des opérations industrielles et commerciales, néanmoins, les cultivateurs pourront, nous l'espérons, trouver le crédit personnel qui leur est souvent nécessaire pour augmenter leur fonds de roulement, s'ils peuvent donner aux détenteurs des capitaux la garantie qu'ils seront en état de tenir leurs engagements à l'échéance.

« Cette garantie, condition du crédit personnel, se trouve dans la valeur professionnelle, dans la probité, dans l'esprit d'ordre et d'économie ; mais qui peut juger si celui qui fait appel au crédit est digne de l'obtenir ? »

12. — Sénat — 1ʳᵉ Délibération. — M. Buffet reproche au projet d'exclure les membres des syndicats professionnels non agricoles. Il n'y a d'ailleurs aucun lien nécessaire entre la mutuelle de crédit et le syndicat. Pourquoi, de plus, obliger les futurs membres de la société de crédit à faire partie d'abord d'un syndicat ?

La loi est inutile ; on ne provoque pas des initiatives par une loi. A l'étranger, la loi n'est venue qu'après que l'initiative privée avait fait naître des quantités de caisses mutuelles.

Aucune autre intervention ne se produit ; le projet est voté.

13. — Sénat — 2ᵉ Délibération — La commission propose un paragraphe additionnel à l'art. 1.

« Dans le cas où la société serait constituée sous la forme de société à capital variable, le capital ne pourra être réduit par la reprise des apports des sociétaires sortants au-dessous du montant du capital de fondation. »

A la fin de l'art. 3 § 3, la Commission ajoute : « entre les syndicats et entre les membres des syndicats. »

M. Buffet combat le projet au point de vue général ; M. Marcel Barthe combat la faveur concédée aux sociétés de ne payer ni la patente ni l'impôt sur les revenus ; pas de faveur à la coopération qui va tuer le petit commerce et la petite industrie.

14. — Retour du projet à la Chambre. — Le projet modifié par le Sénat revint en discussion à la Chambre le 27 octobre 1894, sur le rapport approbatif de M. Codet.

Le projet fut, dans cette séance, l'objet de vives critiques.

M. Lacombe le trouve inutile ; puis on l'a décapité en enlevant le mot « populaire » et en restreignant la loi aux syndicats agricoles. Elle rend obligatoire l'adhésion préalable à un syndicat, le taux de l'intérêt n'est pas limité, la part est exempte de l'impôt sur le revenu, quel que soit son montant. Après avoir critiqué le projet, M. Lacombe n'en propose pas le rejet.

M. Jaurès intervient. Il reproche aux partisans de la loi de ne pas croire au succès possible des sociétés Raiffeisen tout en les admettant ; il fait sur les deux systèmes allemands une dissertation intéressante. A l'étranger, l'union de crédit comprend les professions les plus diverses, elles n'ont de populaire que le nom, elles font appel aux fonds des capitalistes et elles font beaucoup de crédit réel, les dividendes varient de 6 à 35 %. Il votera le projet, mais celui-ci est sans portée efficace.

Après un tournoi oratoire sur le socialisme agraire et de nouvelles explications données par le ministre à propos des critiques faites contre le projet, M. Lacombe remonte à la tribune et signale un point resté inexpliqué. Le dividende est interdit, mais les bénéfices peuvent être mis à la réserve et, au bout du temps fixé pour la durée de la société, on se partage ces bénéfices. Néanmoins ces bénéfices seront exempts d'impôts. De plus le taux d'intérêt du capital n'est pas limité.

Le Ministre des finances, l'honorable M. Poincaré, comprend la portée des observations de M. Lacombe et vient les appuyer. Il pense que la taxe sur le revenu doit être appliquée sur la plus value du fonds social qui sera répartie à la dissolution ; et, si cette interprétation n'est pas admise, il déposera un projet de loi spécial.

Personne ne répondant, le projet est voté sans amendement, — nous verrons ce que fera l'administration des finances.

CHAPITRE III. — TEXTE ANNOTÉ DE LA LOI DU 5 NOVEMBRE 1894

ARTICLE 1.

§ 1. — Des sociétés de crédit agricole peuvent être constituées, soit par la totalité des membres d'un ou de plusieurs syndicats professionnels agricoles, soit par une partie des membres de ces syndicats ; elles ont exclusivement pour objet de faciliter et même de garantir les opérations concernant l'industrie agricole et effectuées par ces syndicats ou par des membres de ces syndicats.

§ 2. — Ces sociétés peuvent recevoir des dépôts de fonds en comptes courants avec ou sans intérêts, se charger, relativement aux opérations concernant l'industrie agricole, des recouvrements et des paiements à faire pour les syndicats ou pour les membres de ces syndicats. Elles peuvent, notamment, contracter les emprunts nécessaires pour constituer ou augmenter leur fonds de roulement.

§ 3. — Le capital social ne peut être formé par des souscriptions d'actions. Il pourra être constitué à l'aide de souscriptions des membres de la société ; ces souscriptions formeront des parts qui pourront être de valeur inégale; elles seront nominatives et ne seront transmissibles que par voie de cession aux membres des syndicats et avec l'agrément de la société.

§ 4. — La société ne pourra être constituée qu'après versement du quart du capital souscrit.

§ 5. — Dans le cas où la société serait constituée sous la forme de société à capital variable, le capital ne pourra être réduit par les reprises des apports des sociétaires sortants au-dessous du montant du capital de fondation.

15. — Constitution des Sociétés de crédit agricole. — Le paragraphe prévoit que des sociétés de crédit agricole peuvent être constituées, etc. Elles pouvaient l'être même avant la nouvelle loi (et pourront l'être même après) en faisant usage soit de la loi sur les Sociétés coopératives (non encore définitivement votée à l'heure où nous écrivons), soit de la loi de 1867.

Il sera donc nécessaire qu'en tête des statuts, les fondateurs déclarent qu'ils entendent se placer sous le régime de la loi nouvelle, s'ils veulent qu'il n'y ait aucun doute à cet égard. Ce n'est que si cette mention existe que l'on peut affirmer que la Société est placée sous le régime de cette loi.

16. — Opérations des sociétés de crédit agricole. — Il est bien entendu que les énonciations comprises dans ce paragraphe sont énonciatives, données à titre d'exemples, et non limitatives ; l'observation en a été faite par un des rapporteurs. Les sociétés pourront faire toutes opérations qui rentrent dans leur but.

Il est certain qu'elles ne pourront pas se charger d'acheter, pour un sociétaire ou pour un client, une valeur de bourse ; une telle opération n'a rien de commun avec l'industrie agricole. Il faudra que le client s'adresse à un autre banquier.

Le mot « industrie » agricole est suffisamment large pour permettre, comme opération, toutes celles qui ont un point de contact avec l'agriculture. Il sera bien difficile de contrôler si les opérations faites par le sociétaire ont bien trait à l'industrie agricole ; c'est une simple indication qu'on donne ainsi, s'en rapportant nécessairement, pour l'application, à la bonne foi des Sociétés.

17. — Constitution du capital social. — Cette introduction de *parts civiles* dans une *société commerciale* est le caractère dominant de la loi, et a donné lieu à des explications réitérées dans les deux assemblées.

A une question qui lui était posée sur la différence entre la *part* et l'*action nominative*, M. Mir, rapporteur, a répondu que la part est synonyme de l'action, mais que la part donne moins prise à la spéculation. M. Méline ajoute que beaucoup de cultivateurs auront peur de souscrire des actions, et que la possibilité pour les actionnaires de sociétés coopératives de posséder jusqu'à 5,000 francs d'actions pourra encourager des spéculations sur les actions. M. Viau et M. Hubbard estiment qu'on spéculera tout aussi facilement sur les parts d'intérêt.

On voit combien cette disposition a soulevé d'objections, ou plutôt de questions.

La loi ne prévoit aucune disposition relativement aux sociétés qui se formeront sans capital (type Raiffeisen). Mais ce type est expressément admis par tout le monde dans la discussion, et les statuts, réglant seuls le quantum de la responsabilité, peuvent l'admettre illimitée. (Nous avons montré plus haut combien cette responsabilité illimitée est en réalité limitée ; seulement, avec cette forme de société, il n'est point besoin de capital de fondation.)

La loi ne prévoit pas de nombre minimum pour le chiffre des membres de la société.

18. — Versement obligatoire du quart du capital souscrit. — Bien entendu, cette obligation n'est imposée qu'aux sociétés se formant sur base de capital. Les sociétés du type Raiffeisen sont forcément dispensées du versement du quart, puisqu'elles n'ont pas de capital.

Les fondateurs feront bien de fixer à un chiffre peu élevé le montant des parts, quitte à ceux qui le peuvent à en prendre un plus grand nombre.

Comment sera constaté le versement de ce premier quart ?

La loi est muette sur ce point.

Doit-on, dès lors, et s'agissant de Sociétés commerciales, appliquer les dispositions de la loi de 1807 sur les points non prévus par la présente loi ?

Nous ne le pensons pas.

La nouvelle loi doit se suffire à elle-même. En dehors de ses prescriptions, elle laisse la plus grande liberté. Et c'est pour cela qu'elle a soin de préciser que les nouvelles sociétés tiendront des livres de commerce.

Il ne sera donc pas exigé de déclaration notariée. Le dépôt prévu à l'art. 5 § 2 doit indiquer le montant des souscriptions, l'art. 1er § 4 interdit de constituer la société sans versement préalable du premier quart.

C'est sous leur responsabilité que les administrateurs et les fondateurs agiraient s'ils se livraient à une seule opération avant l'accomplissement de la disposition impérative du § 4 de l'art. 1er.

Les statuts peuvent autoriser la libération des trois autres quarts par versements très modiques.

19. — Constitution sous forme de société à capital variable. — Les statuts devront donc prévoir que tout sociétaire ne pourra se faire rembourser son apport si, par suite de ce remboursement, le capital devait être réduit au-dessous du montant du capital primitif.

La forme à capital variable est celle qui paraît devoir le mieux répondre au but de nos sociétés. Un capital qui n'augmenterait pas par les adhésions de nouveaux sociétaires ressemblerait fort à un capital de spéculation.

La loi ne contient pas de prescriptions pour la durée de la responsabilité du membre sortant. Il est responsable des opérations faites avant sa sortie, tant qu'elles ne sont pas liquidées.

ART. 2.

§ 1. — Les statuts détermineront le siège et le mode d'administration de la société de crédit, les conditions nécessaires à la modification de ces statuts et à la dissolution de la société, la composition du capital et la proportion dans laquelle chacun de ses membres contribuera à sa constitution.

§ 2. — Ils détermineront le maximum des dépôts à recevoir en comptes courants.

§ 3. — Ils régleront l'étendue et les conditions de la responsabilité qui incombera à chacun des sociétaires dans les engagements pris par la société.

§ 4. — Les sociétaires ne pourront être libérés de leurs engagements qu'après la liquidation des opérations contractées par la société antérieurement à leur sortie.

20. — Responsabilité des sociétaires. — Les statuts feront connaître si la responsabilité est limitée au versement, ou si elle égale deux, trois fois le versement, ou si elle est illimitée.

21. — Prélèvements opérés au profit de la Société. — Même observation qu'au § 2 de l'art. précédent. Il est bien difficile de déterminer ce point dans les statuts.

ART. 3.

§ 1. — Les statuts détermineront les prélèvements qui seront opérés au profit de la société sur les opérations faites par elle.

§ 2. — Les sommes résultant de ces prélèvements, après acquittement des frais généraux et paiement des intérêts des emprunts et du capital social, seront d'abord affectées, jusqu'à concurrence des trois quarts au moins, à la constitution d'un fonds de réserve, jusqu'à ce qu'il ait atteint au moins la moitié de ce capital.

§ 3. — Le surplus pourra être réparti à la fin de chaque exercice, entre les syndicats et entre les membres des syndicats au prorata des prélèvements faits sur leurs opérations. Il ne pourra, en aucun cas, être partagé, sous forme de dividende, entre les membres de la société.

§ 4. — À la dissolution de la société, ce fonds de réserve et le reste de l'actif seront partagés entre les sociétaires, proportionnellement à leur souscription, à moins que les statuts n'en aient affecté l'emploi à une œuvre d'intérêt agricole.

22. — Maximum des dépôts. — Nous pensons que les statuts pourront donner à l'assemblée générale le soin de décider le maximum des dépôts à recevoir, chose essentiellement variable et qu'il paraît difficile de déterminer dans les statuts.

23. — Affectation des sommes résultant des prélèvements. — Les intérêts à payer au capital social ne sont pas limités par la loi; on peut estimer qu'il ne se trouvera aucune société pour leur faire dépasser le taux légal.

Comme les prélèvements exigés des sociétaires seront généralement calculés de façon à faire face aux frais généraux et intérêts, il n'y aura pour ainsi dire jamais de boni à restituer. Il sera préférable, si le prélèvement est trop fort, de le réduire l'année suivante.

Le § 2 ne s'applique pas, bien entendu, aux Sociétés du type Raiffeisen.

24. — Répartition des bénéfices. — La restitution du boni n'est pas obligatoire.

Les bénéfices ne doivent pas être répartis sous forme de dividendes; mais ils peuvent aller grossir la réserve jusqu'au jour fixé pour la dissolution. Le jour du partage de la réserve, on touchera ce bénéfice qui n'aura été que différé. Voilà un inconvénient que nous avions signalé.

Mais il ne faut pas trop s'attarder à cette hypothèse. Le crédit agricole exige des prêts à des taux minimes, qui ne permettront pas cette accumulation de gros bénéfices.

ART. 4.

§ 1. — Les sociétés de crédit autorisées par la présente loi sont des sociétés commerciales dont les livres doivent être tenus conformément aux prescriptions du Code de commerce.

§ 2. — Elles sont exemptes du droit de patente ainsi que de l'impôt sur les valeurs mobilières.

25. — Des livres que doivent posséder les sociétés de crédit agricole. — Elles doivent donc posséder :

A. un livre-journal.

B. un livre d'inventaires.

C. un copie de lettres.

D. un classeur des lettres reçues. (Voir les art. 8 à 18 du Code de commerce.)

26. — Des autres droits qui peuvent être perçus. — Il n'est pas dit si les statuts et autres documents peuvent être sur papier libre, ni s'ils doivent être enregistrés.

Il n'est point parlé non plus du droit de greffe qui sera perçu pour différents dépôts, ni du droit de timbre sur le récépissé.

Dans le silence de la loi, il y a lieu d'appliquer le droit commun.

Les sociétés de crédit agricole seront moins favorisées à ce point de vue que les sociétés coopératives.

ART. 5.

§ 1. — Les conditions de publicité prescrites pour les sociétés commerciales ordinaires sont remplacées par les dispositions suivantes :

§ 2. — Avant toute opération, les statuts avec la liste complète des administrateurs ou directeurs et des sociétaires, indiquant leurs noms, profession, domicile et le montant de chaque souscription, seront déposés, en double exemplaire, au greffe de la justice de paix du canton où la société a son siège principal. Il en sera donné récépissé.

§ 3. — Un des exemplaires des statuts et de la liste des membres de la société sera, par les soins du juge de paix, déposé au greffe du tribunal de commerce de l'arrondissement.

§ 4. — Chaque année, dans la première quinzaine de février, le directeur ou un administrateur de la société déposera, en double exemplaire, au greffe de la justice de paix du canton, avec la liste des membres faisant partie de la société à cette date, le tableau sommaire des recettes et des dépenses, ainsi que des opérations effectuées dans l'année précédente. Un des exemplaires sera déposé, par les soins du juge de paix, au greffe du tribunal de commerce.

§ 5. — Les documents déposés au greffe de la justice de paix et du tribunal de commerce seront communiqués à tout requérant.

27. — De la transmission au greffe de commerce. — Comment le juge de paix fera-t-il la transmission au greffe de Commerce ? Ce point n'est pas réglé.

28. — Il est loisible d'en prendre copie.

ART. 6.

§ 1. — Les membres chargés de l'administration de la société seront personnellement responsables, en cas de violation des statuts ou des dispositions de la présente loi, du préjudice résultant de cette violation.

§ 2. — Ils pourront être poursuivis et punis d'une amende de 16 à 200 francs.

§ 3. — Le Tribunal pourra, en outre, à la diligence du procureur de la République, prononcer la dissolution de la société.

§ 4. — Au cas de fausse déclaration relative aux statuts ou aux noms et qualités des administrateurs, des directeurs, ou des sociétaires, l'amende pourra être portée à 500 francs.

ART. 7.

La présente loi est applicable à l'Algérie et aux colonies.

APPENDICE

Caisse Agricole de M_____

Créée conformément à la loi du 5 Novembre 1891

A CAPITAL VARIABLE

SIÈGE SOCIAL : _____

STATUTS.

CHAPITRE PREMIER

Dénomination. — Siège. — But. — Durée de la Société

ARTICLE PREMIER.

Entre les soussignés et ceux qui adhéreront aux présents statuts, il est formé une société de crédit agricole sous la dénomination de : Caisse agricole de M.

Tout sociétaire est réputé avoir adhéré aux statuts et est lié par les décisions tant de l'Assemblée générale que du Conseil d'administration agissant dans leurs compétences respectives.

ART. 2.

Le siège de la Société est à   rue n° ; il pourra être transporté dans tout autre local par décision du Conseil d'administration.

ART. 3.

La Société a pour objet

1° De faciliter à ses membres et de préférence, pour les plus petites affaires, le crédit dont ils peuvent avoir besoin pour des opérations se rapportant à l'industrie agricole;

2° D'encourager, par la faculté de petits versements, à la possession, acquise peu à peu, de parts dans le fonds social et à la formation d'épargnes par les avantages et les facilités données aux déposants.

ART. 4.

La Société est constituée pour une durée de 99 ans, à dater du jour de la constitution définitive.

Elle ne pourra être dissoute par la mort, la retraite, l'interdiction, la faillite, la déconfiture de l'un ou de plusieurs des associés. Elle continuera de plein droit entre les autres associés.

La Société peut être prorogée ou dissoute dans les conditions qui seront déterminées plus loin.

CHAPITRE II

Fonds social

ART. 5.

Le capital social de fondation est fixé à la somme de mille francs, divisé en parts de vingt francs (20 fr.).

ART. 6.

Le fonds social pourra être augmenté soit par l'adjonction de nouveaux membres, soit par les versements successifs des associés.

ART. 7.

Le capital social peut être réduit :

1° Par le remboursement de leurs parts soit aux sociétaires démissionnaires ou exclus, soit aux ayants droit des décédés.

2° Par les voies de droit commun, suivant décision de l'Assemblée générale.

Lorsque cette diminution, constatée par le dernier inventaire, atteindra le montant du capital social initial, les administrateurs seront tenus de convoquer d'urgence l'assemblée générale, afin de statuer sur la continuation ou sur la dissolution de la société.

ART. 8.

Les parts sont payables 5 francs au moment de la souscription et le solde 2 francs par mois.

Elles peuvent être libérées par anticipation.

Les sommes versées produisent un intérêt maximum de 5 0/0.

ART. 9.

La Société, outre l'action personnelle contre les retardataires, peut, trois mois après la mise en demeure, annuler les actions non libérées, les sommes versées étant en ce cas restituées au sociétaire rayé.

Il sera versé à titre de *taxe d'entrée* une somme de deux francs. Les taxes d'entrée seront versées à la Réserve.

<h2 style="text-align:center">ART. 10.</h2>

Les Sociétaires ne sont engagés qu'à concurrence de parts souscrites par eux; une fois ces parts entièrement libérées, ils ne peuvent être astreints, pour quelque cause que ce soit, à aucun autre versement, et n'encourent aucune responsabilité personnelle quant aux engagement sociaux, que garantit uniquement l'actif social.

<h2 style="text-align:center">ART. 11.</h2>

Les parts sont nominatives.

La souscription en est constatée par une inscription sur un registre tenu *ad hoc* et la remise d'un titre nominatif.

Les titres sont extraits d'un livre à souche, numérotés, frappés du timbre de la Société et revêtus de la signature de deux Administrateurs. Ils constatent le nombre et les numéros des parts.

Le Sociétaire qui viendrait à perdre son titre peut, en justifiant de sa propriété, se faire délivrer un duplicata deux mois après notification de la perte à la Société.

<h2 style="text-align:center">ART. 12.</h2>

Les parts ne peuvent être cédées qu'aux conditions suivantes :

1° Que le cessionnaire ait été agréé expressément par le Conseil d'administration ;

2° Que le cédant ne soit débiteur de la Société à aucun titre, direct ou indirect.

Toute cession ou mise en nantissement des parts en dehors de ces conditions est nulle au regard de la Société.

La cession s'opère par une déclaration inscrite au siège social sur un registre *ad hoc*, et signée du cédant ainsi que du cessionnaire (ou de leurs mandataires) et de deux Administrateurs. Si les parties ne savent ou ne peuvent signer, le transfert est régularisé par la signature des deux Administrateurs.

Au cas où un sociétaire proposerait un transfert, la Société aurait un droit de préférence sur le cessionnaire proposé, soit pour elle-même, soit pour un sociétaire, soit pour un adhérent nouveau.

La cession des parts se fait également par les voies du droit civil, mais elle doit faire dans tous les cas l'objet d'un transfert au livre spécial.

CHAPITRE III·

Admission et sortie des Sociétaires

ART. 14.

Toute personne majeure faisant partie d'un syndicat agricole, présentant des conditions suffisantes de moralité et de solvabilité et demeurant dans la commune de M   ou y étant inscrit au rôle de l'impôt foncier, peut être reçue sociétaire.

Le candidat doit faire sa demande par écrit, en indiquant ses nom, prénoms, profession, domicile, et le nombre de parts pour lequel il s'inscrit.

ART. 15.

Les admissions sont prononcées par le Conseil d'Administration, qui n'est pas tenu de motiver ses décisions. Le candidat peut faire appel devant l'Assemblée générale de la décision qui refuse son admission.

L'admission d'un candidat est considérée comme non avenue s'il n'a pas opéré son premier versement dans la quinzaine de la notification de son admission.

ART. 16.

La qualité de sociétaire se perd par le décès, la démission, l'exclusion.

ART. 17.

Le Conseil peut prononcer la suspension d'un sociétaire et demander son exclusion à la prochaine Assemblée générale.

Dans l'Assemblée appelée à statuer sur cette proposition d'exclusion, le sociétaire dont l'exclusion est proposée doit être convoqué par lettre recommandée adressée huit jours au moins avant la réunion, et l'exclusion, pour être prononcée, doit réunir la majorité des trois quarts des votants.

Le sociétaire ainsi exclu n'a aucun recours contre la Société.

ART. 18.

Tout sociétaire peut quitter la Société en donnant sa démission par écrit.

Peut être considéré comme démissionnaire le sociétaire qui, pendant deux années consécutives, demeure absent sans indication de domicile, ou ne participe ni par lui-même ni par mandataire à aucune Assemblée générale.

ART 19.

En cas de démission ou d'exclusion, l'associé n'a droit qu'au remboursement des parts qu'il a versées, sans aucun droit dans le restant de l'actif.

ART. 20.

En cas de décès d'un sociétaire, l'avoir qui lui revenait est immédiatement mis à la disposition de la veuve ou de ses ayants-droits.

La veuve ou les héritiers peuvent prendre la place du sociétaire disparu, sauf approbation du Conseil d'administration.

Toutefois la part étant indivisible et la Société ne reconnaissant qu'un seul propriétaire par part, les héritiers devront désigner celui d'entre eux qui remplacera nominalement le défunt.

Il ne peut en aucun cas, même de décès ou de faillite d'un sociétaire, être requis contre la Société ni apposition de scellés ni inventaire, et nul ne peut s'immiscer dans l'administration.

ART. 21.

Dans tous les cas, un remboursement de part ne peut avoir lieu qu'après compensation avec ce qui peut rester dû à la société par le sociétaire.

Tout solde dû au sociétaire sorti et non réclamé dans les trois ans est acquis à la société et porté à la réserve.

Le sociétaire sortant n'est libéré de ses engagements qu'après liquidation des opérations contractées avant sa sortie.

CHAPITRE IV

Opérations de la Société

ART. 22.

Les opérations de la Société sont spécialement les suivantes, cette énumération n'étant pas limitative :

1° Escompte et réescompte d'effets souscrits ou endossés par les sociétaires et prêts sur simple signature ;

2° Avances sur marchandises de toute nature ou titres présentant une sécurité suffisante et d'une réalisation facile, et, par exception, sur garantie hypothécaire mobilisée par des valeurs négociables ;

3° Ouverture de comptes de dépôts de fonds en comptes courants ;

4° Encaissements sur la France et l'étranger ou paiements pour le compte des sociétaires ;

La société fait toutes opérations conformes à son but.

ART. 23.

Une retenue, dont le *quantum* sera déterminé par l'Assemblée générale, peut être exercée sur les effets remis à l'escompte.

ART. 24.

Les sociétaires qui obtiennent des avances ou des escomptes *déposent dans la caisse de la Société* leurs titres qui, aux termes des articles 2071 et suivants du Code civil, deviennent ainsi le gage sur lequel la Société a le droit de se rembourser par privilège et de préférence à tous autres créanciers.

Le fait, pour un sociétaire, de laisser des effets ou prêts en souffrance dépassant la valeur des versements qu'il a faits sur ses parts, équivaut à une démission. Le Conseil a le droit de liquider immédiatement le compte de ce débiteur, de transférer ses titres, d'en appliquer la valeur à la réduction de sa dette et de le poursuivre conformément à la loi pour recouvrer le solde de cette dette.

CHAPITRE V

Administration

°§ 1er. — *Conseil d'Administration.*

ART. 25.

La Société est administrée par un Conseil de 6 membres élus au scrutin de liste parmi les sociétaires. Il est renouvelable par tiers, tous les ans, à l'Assemblée générale de février.

Les membres du Conseil peuvent être révoqués par l'Assemblée générale.

Les membres sortants sont rééligibles.

En cas de décès ou démission d'un membre du Conseil d'administration, le Conseil peut pourvoir à son remplacement provisoire jusqu'à la prochaine assemblée, qui procède à l'élection définitive. Le nouveau membre est nommé pour le temps restant à remplir par son prédécesseur.

ART. 26.

Chaque année, après l'Assemblée générale de février, le Conseil nomme parmi ses membres un bureau composé d'un président, un vice-président et un secrétaire.

ART. 27.

Le Président dirige les travaux du Conseil, veille à l'exécution de ses décisions, ainsi qu'à l'observation des statuts et du règlement. Il signe la correspondance et les procès-verbaux concurremment avec le secrétaire. En cas d'absence, il est remplacé par le vice-président.

Le secrétaire rédige et signe les procès-verbaux et la correspondance, fait les envois de circulaires et de convocations, tient le registre matricule des associés.

En cas de partage, la voix du Président est prépondante.

ART. 28.

Le Conseil se réunit toutes les fois que l'exige l'intérêt social, et au moins une fois par mois.

La majorité des Administrateurs doit être présente pour que le Conseil délibère valablement. Il vote à la majorité des présents.

Il est tenu un registre des délibérations; les procès-verbaux sont signés par le président et le secrétaire. Il en est de même pour les copies et extraits.

Tout membre du Conseil qui, sans excuse valable, aura manqué à trois séances consécutives, pourra être considéré comme démissionnaire

ART. 29.

Le Conseil est investi des pouvoirs les plus étendus pour l'administration de la Société.

Notamment:

Il représente la Société dans ses rapports avec les tiers; il traite au nom de la Société pour les achats, locations, placements de fonds. Il donne quittance, autorise les transferts, retraits, aliénations, actions judiciaires; il compromet et transige, donne mainlevée de privilège, hypothèque ou opposition.

Les achats d'immeubles doivent être ratifiés par l'assemblée générale.

Le Conseil nomme et révoque les employés, règle leurs traitements et attributions, détermine les cautionnements et autorise leur restitution.

Il admet ou refuse les sociétaires, accepte les démissions, prononce des suspensions, sous la condition de proposer à la prochaine Assemblée générale l'exclusion des sociétaires suspendus.

Il dirige l'ensemble et le détail des opérations sociales, arrête les inventaires et soumet à l'Assemblée générale les comptes de l'exercice écoulé.

Il consent ou refuse tout ou partie des emprunts demandés, et arrête les diverses conditions de fonctionnement des opérations sociales.

3

Il autorise le Président ou un autre administrateur à donner les signatures qui pourront être exigées, ainsi qu'à donner quittance.

Il fait des propositions sur les objets divers sur lesquels l'Assemblée Générale est appelée à statuer.

Il surveille la rentrée des fonds prêtés et veille à ce que leur emploi soit conforme à la destination précisée dans la demande d'emprunt.

Il surveille la gestion du comptable.

ART. 30.

Le Conseil peut déléguer tout ou partie de ses pouvoirs à un de ses membres, même à un sociétaire. L'administrateur-délégué n'aura à justifier à l'égard des tiers que d'un extrait, signé du Président et du Secrétaire, de la délibération qui l'a délégué, laquelle devra spécifier les pouvoirs accordés. Le secrétaire comptable ne peut être appointé que s'il ne fait pas partie du Conseil.

ART. 31.

Les administrateurs ne sont responsables que de l'exécution de leur mandat et ne contractent, à raison de leur qualité, aucune obligation personnelle ou solidaire relativement aux engagemen's de la Société.

Le Conseil peut donner à l'Administrateur-délégué, au Directeur ou au Président, mission de représenter la Société en justice.

§ 2. — Commissaires de surveillance.

ART. 32.

Trois commissaires sont élus chaque année par l'Assemblée générale. Ils sont rééligibles. L'un d'entre eux peut, comme comptable expert, être désigné en dehors des sociétaires.

Ils sont chargés de s'assurer tous les mois de l'observation des prescriptions légales ; de la régularité des opérations du Conseil d'administration ; de la vérification de la comptabilité, de la caisse, du portefeuille ; de la sincérité des comptes présentés.

ART. 33.

La Commission de surveillance dresse et présente à l'Assemblée générale un rapport sur les opérations de l'exercice écoulé, sur la situation sociale et sur le rapport du Conseil d'administration.

Le rapport des commissaires de surveillance devra être communiqué au Conseil d'administration et tenu à la disposition des sociétaires huit jours au moins avant l'Assemblée générale.

La Commission de surveillance peut demander au Conseil d'administration, qui ne peut s'y refuser, la convocation d'une Assemblée générale extraordinaire.

§ 3. — *Assemblée générale.*

ART. 34.

L'Assemblée générale, régulièrement constituée, représente l'universalité des sociétaires ; ses décisions sont obligatoires, même pour les absents.

L'Assemblée doit être convoquée deux fois par an, au moins, en février et en août. Elle se réunit, en outre, à titre extraordinaire, toutes les fois que le Conseil d'administration ou les Commissaires de surveillance en reconnaissent l'utilité, ou si un quart des sociétaires en fait la demande écrite et motivée.

ART. 35.

Les convocations sont envoyées, au moins cinq jours à l'avance, à domicile.

ART. 36.

L'Assemblée ordinaire est régulièrement constituée, quand le quart des sociétaires est présent ou représenté.

Si ce nombre n'est pas atteint, il est procédé à une seconde convocation dans le délai de 15 jours ; pour cette nouvelle Assemblée, les convocations doivent être envoyées au moins huit jours à l'avance, avec mention des motifs qui ont empêché la première Assemblée d'aboutir et avec indication de l'ordre du jour.

La nouvelle Assemblée délibère valablement, quel que soit le nombre des associés présents, mais seulement sur les questions portées à l'ordre du jour de la première Assemblée.

ART. 37.

Lorsqu'une Assemblée générale doit délibérer soit sur des modifications aux statuts, soit sur des propositions de prorogation ou de dissolution, les associés sont informés au moins quinze jours à l'avance de la date de la réunion et de l'ordre du jour.

L'Assemblée doit comprendre la moitié au moins des associés, représentant au moins la moitié du capital social.

Après deux convocations sans effet, la troisième Assemblée délibère valablement, quel que soit le nombre des membres présents.

ART. 38.

Dans toute Assemblée générale, les délibérations sont prises à la majorité des voix ; chaque associé n'a droit qu'à une voix.

Aucun associé ne peut avoir plus d'une voix comme mandataire de membres non présents.

Nul ne peut être représenté que par un sociétaire muni de pouvoir régulier.

ART. 39.

Les délibérations sont constatées par un procès-verbal, qui est transcrit sur un livre spécial, et signé par les membres du bureau. Une feuille de présence contenant les noms et domicile des présents ou représentés est annexée au procès-verbal et certifiée par le bureau. Les extraits ou copies à produire sont signés par le Président et le secrétaire de l'Assemblée, à leur défaut par le Président et le secrétaire du Conseil.

ART. 40.

Ne sont soumis à l'Assemblée que les objets portés à l'ordre du jour par le Conseil; cet ordre du jour est communiqué aux commissaires de surveillance. Toute proposition émanant des sociétaires ne peut être faite qu'à une Assemblée ordinaire, sauf le cas prévu par l'article 34, et doit être soumise par écrit au Conseil sous la signature d'un nombre de sociétaires égal au dixième du nombre total des sociétaires, et cela dix jours à l'avance, pour être inscrite à l'ordre du jour : les propositions qui ne satisferaient pas à ces conditions seront renvoyées de droit à l'Assemblée suivante, si elles sont appuyées du nombre de sociétaires sus indiqué.

ART. 41.

L'Assemblée générale ordinaire délibère :

1° Sur le rapport du Conseil relatif aux bilans et comptes de semestre écoulé, après lecture du rapport de la Commission de surveillance ;

2° Sur les questions portées à l'ordre du jour ;

3° Sur l'augmentation ou la diminution du capital ;

4° Sur la nomination ou révocation des administrateurs ;

5° Sur le maximum des dépôts et l'intérêt à y attribuer ;

6° Sur les emprunts nécessaires au fonds de roulement ;

7° Sur les intérêts et commissions à prélever ;

8° Sur l'exclusion de sociétaires ;

9° Sur le versement à faire au fonds de réserve quand il n'est plus obligatoire.

10° Sur la destination des bénéfices non versés au fonds de réserve ;

11° Sur le règlement intérieur.

CHAPITRE VI

Bonis. — Fonds de réserve. — Fonds de prévoyance

ART. 42.

L'année sociale commence le 1er janvier et finit le 31 décembre.

Chaque année comprend deux exercices afférents à chaque semestre.

Par exception, la 1re année ne comprendra qu'un seul exercice allant du jour de la Constitution jusqu'au 31 décembre.

ART. 43

Il est constitué un fonds de réserve auquel il sera versé les 3/4 des bénéfices nets.

Ce prélèvement cessera d'être obligatoire quand le fonds de réserve aura atteint la moitié du capital social constaté par le dernier inventaire.

ART. 44.

L'assemblée générale pourra décider que le boni net sera restitué aux sociétaires qui auront fait des affaires avec la Société, au pro-rata des intérêts, escomptes et commissions prélevés.

ART. 45.

Tous intérêts non réclamés dans les trois ans sont acquis à la Société et versés à la Réserve.

L'assemblée générale décidera de la destination à donner à la portion de bénéfices nets qui ne seront pas versés à la Réserve ; en aucun cas, ils ne pourront être distribués aux sociétaires sous forme de dividendes.

CHAPITRE VIII

Dissolution. — Liquidation

ART. 46.

Au cas où la diminution du capital social atteint le montant du capital initial, les administrateurs doivent convoquer d'urgence l'Assemblée générale.

L'Assemblée générale décide à la majorité des sociétaires, si la Société doit être continuée ou dissoute.

Si la majorité des sociétaires ne peut être atteinte à la première Assemblée générale, une seconde Assemblée convoquée au moins huit jours à l'avance, statuera valablement à la majorité des trois quarts des sociétaires présents.

Il est procédé de même un an avant le terme fixé pour l'expiration de la Société.

ART. 47.

A l'expiration de la Société ou en cas de dissolution anticipée, l'Assemblée nomme un ou plusieurs liquidateurs, à qui elle peut conférer les pouvoirs les plus étendus. Pendant la liquidation, les pouvoirs de l'Assemblée continuent.

En cas de dissolution de la Société, les sociétaires rentrent purement et simplement dans le montant de leurs versements. Le surplus de l'actif est versé à des œuvres d'intérêt général, suivant décision de l'assemblée générale.

CHAPITRE IX
Contestations

ART. 48.

Toute contestation entre les sociétaires, ou entre eux et la Société sur l'exécution des présents statuts, est soumise à la juridiction des tribunaux de Commerce. Les sociétaires sont tenus d'élire domicile à M   ; à défaut, toute notification sera valablement faite au greffe de la Justice de paix de M   ; aucune contestation ne peut être portée devant la justice, sans avoir été d'abord soumise au Conseil d'administration et, s'il y a lieu, à l'Assemblée générale.

Caisse Agricole de N_____

(Type Raiffeisen, à solidarité des membres, sans capital versé)

STATUTS

Une grande partie des articles de ces statuts sont conformes au modèle précédent. Nous ne les répéterons pas. Nous indiquerons simplement qu'il y a lieu de copier tels et tels articles des statuts précédents, par la mention : *Art. 1· précédent.*

Art. 1. — Art. 1 précédent.
Art. 2.   — 2   —
Art. 3.   — 3   —
Sauf le 2ᵉ § qu'il faut changer ainsi :
2ᵉ D'encourager par la faculté de petits dépôts à la formation d'une épargne personnelle.
Art. 4. — Art. 4 précédent.
Art 5. — La Société ne comporte ni parts, ni actions, ni intérêt, ni dividende.

Son seul capital social est formé 1ᵉ d'un droit d'entrée de 2 francs ; 2ᵉ du fonds de réserve constitué avec les bénéfices sociaux.

Art. 6. — La Société se procure les ressources nécessaires à son fonds de roulement soit en recevant des dépôts, soit en réescomptant les effets escomptés par ses membres, soit en contractant les emprunts autorisés par l'assemblée générale.

Art. 7. — Les membres de la Société sont tenus, sur tous leurs biens, de l'exécution des obligations contractées par la Société.

Les tiers ne pourront s'adresser qu'à l'administrateur délégué qui, en cette qualité, fera la répartition par parts individuelles des dettes sociales et réclamera à chaque associé le montant de sa part.

L'associé n'est tenu que de sa part dans le paiement des obligations contractées avant sa sortie de la Société.

La part de dettes de chaque associé s'augmente de la contribution de chacun dans la part de celui ou ceux des associés qui ne paieraient pas la part leur incombant.

Art. 8. — Art. 14 précédent.
Art. 9. — — 15   —

Art. 10. — L'acquisition ou la perte de la qualité d'associé est constatée vis-à-vis du sociétaire, de la Société et des tiers, par une inscription sur le livre des sociétaires ; cette inscription doit être signée par l'associé et par l'administrateur délégué.

Si l'associé ne sait pas signer ou bien en cas d'exclusion ou de décès, la mention est contresignée par trois membres du Conseil d'administration.

Art. 11. — Art. 16 précédent.

Art. 12. —   — 17   —

Art. 13. —   — 18   —

Art. 14. — Le sociétaire sortant de la Société, pour quelque cause que ce soit, n'aura aucun droit sur l'actif social.

Art. 15 — La caisse ne prête qu'à ses seuls membres, en vue d'usage déterminé. Tout sociétaire qui ne se conformerait pas à la promesse de n'user de fonds prêtés qu'en vue de l'usage spécifié dans la demande d'emprunt, est déchu du bénéfice du terme, et son exclusion peut être prononcée..

La forme et la durée des prêts sont l'objet d'un règlement intérieur qui est soumis à l'assemblée générale.

Art. 16. — Art. 22 précédent.

Art. 17. —   — 23   —

Art. 18 à 35. — Art. 25 à 42 précédents.

Art. 36. — § 2 de l'art. précédent.

Art. 37. — Un an avant le terme fixé pour la dissolution, ou en cas de demande de dissolution signée du quart des sociétaires, une assemblée générale est convoquée.

Comme 2e et 3e §, copier les § 2 et 3 de l'art. 46 précédent.

Art. 38. — § 1er de l'art. 47 précédent.

§ 2 : L'actif est versé à une œuvre d'intérêt général (ou plusieurs) agricole, déterminée par l'assemblée générale.

Art. 39. — Art. 48 précédent.

INDICATEUR DES FORMALITÉS

A REMPLIR

Pour la Fondation d'une Société de Crédit Agricole

1° Provoquer une réunion préparatoire et adopter des statuts.

2° Mettre les statuts au net sur papier timbré à deux exemplaires.

3° Faire enregistrer les statuts. (L'enregistrement est proportionnel pour les sociétés à capital, il n'est que de 3 fr. 75 pour les sociétés du type Raiffeisen sans capital.)

4° Etablir une *déclaration de souscription et de versement* de la façon suivante :

Caisse Rurale de M.

Etat de souscription et versements

NOMS	PROFESSION	DOMICILE	NOMBRE DE PARTS	VERSEMENTS EFFECTIFS

5° Convocation de l'assemblée générale des adhérents,
Convocation à domicile.
Elle doit indiquer l'ordre du jour:

1° Approbation des statuts déposés ;

2° Lecture de l'état de souscription et de versements;

3° Election du Conseil d'administration et des Commissaires de surveillance;

4° Fixation du chiffre maximum des dépôts à recevoir et de l'intérêt à leur servir ;

5° Fixation du chiffre maximum des prêts à consentir pour l'année et du maximum de prêt individuel ;

6° Vote des emprunts nécessaires pour la marche des opérations ; fixation de l'escompte à prélever sur les opérations.

7° Etablir une feuille de présence pour l'assemblée générale.

ASSEMBLÉE GÉNÉRALE DU

Feuille de présence

NOMS	DOMICILE	NOMBRE DE PARTS	SIGNATURES

7° Un exemplaire de la lettre de convocation et de la feuille de présence seront annexés au procès-verbal, collés à la suite dans le registre des procès-verbaux, et certifiés conformes et exacts par le bureau.

8° Le procès-verbal qui suit donne l'indication des formalités qui doivent être remplies au cours de l'assemblée générale.

MODÈLE DE PROCÈS-VERBAL

ASSEMBLÉE GÉNÉRALE DES SOCIÉTAIRES FONDATEURS DE LA

CAISSE RURALE DE M.

Procès-verbal de l'Assemblée constitutive de la Société.

L'an , le , à heure , les membres de la se sont réunis à (indication du lieu de la réunion).

La feuille de présence des sociétaires assistant à la présente réunion est annexée au présent procès-verbal.

L'Assemblée forme le bureau.

Elle désigne pour président : M.

— . secrétaire : M.

— scrutateurs : M. et M.

tous acceptant.

Le bureau prend place et procède à la vérification de la feuille de présence. Il en résulte que la moitié du capital social, soit 25 parts sur les 50 parts souscrites, est représentée. Le Président déclare l'Assemblée constituée et la séance ouverte.

Le Président lit la convocation et l'ordre du jour qu'elle porte.

Il montre que les statuts ont été enregistrés le( ).

Il donne ensuite lecture de l'État de souscription et de versements déposée sur le bureau.

Il est procédé à l'élection du Conseil d'administration, qui doit d'après les statuts, comprendre six membres.

Les noms suivants sont proposés.

M. Y.   , M. L.   , M. V.

Il est procédé au vote par bulletins secrets. Le dépouillement donne les résultats suivants :

M.   , voix

M.   —

MM.   , ayant obtenu (tant de) voix, sont élus membres du Conseil d'administration pour   ans, conformément à l'art.   des statuts.

Chacun d'eux, consulté aussitôt et séparément, déclare accepter ces fonctions.

L'Assemblée désigne ensuite 3 commissaires de surveillance ; le vote par bulletins secrets donne pour résultats :

M   , voix, M.   , voix, M.

MM.   , consultés séparément, déclarent accepter ces fonctions.

La séance est suspendue quelques minutes pour permettre au Conseil de constituer son bureau ; à la reprise, le Président fait connaître que le conseil a élu :

Président, M.   , Vice-Président, M.   , Secrétaire, M.   , Trésorier, M.   , Secrétaire Comptable, M.

L'Assemblée décide qu'il pourra être consenti, pendant l'exercice 1895, 5,000 francs de prêts consentis à 5 0/0 et qu'il pourra être contracté des emprunts jusqu'à concurrence de la même somme au taux de 3 1/2 0/0 ; que le maximum de crédit individuel ne pourra dépasser 300 francs.

La séance est levée.(Le procès verbal est signé de tous les membres du bureau.)

9° Faire le dépôt au greffe de la justice de paix.

1° Des statuts. 2° De l'état de souscription et de versements. 3° D'une liste des membres du Conseil d'administration et de surveillance.

10° Dans le mois de la constitution définitive, faire la *déclaration d'existence* à la direction du timbre et de l'enregistrement.

Cette déclaration doit indiquer le siège, les objes, la durée de la Société, la date des actes constitutifs, les noms des Directeurs ou gérants, le nombre et le montant des titres émis.

Une nouvelle déclaration doit être faite dans le mois de toute émission nouvelle.

11° *Timbre des parts.* — Chaque titre est soumis au timbre de dimension, dont le minimum est de 60 centimes par titre.

12° *Transferts.* — Les transferts sont assujettis au droit de 0 fr. 50 0/0 de la valeur transmise, déduction faite des versements non opérés, soit 0 fr. 25 par action de 50 francs et par transfert; toutefois ce tarif n'est applicable qu'au transfert d'actions nominatives dont le transfert doit obligatoirement se faire sur les registres de la Société.

Autrement le droit consiste en une taxe annuelle de 0 fr. 20 0/0.

Le droit de transfert est payable dans les 20 premiers jours de chaque trimestre, sur un relevé des transferts effectués pendant le trimestre précédent ; s'il n'y a pas eu de transfert, produire un état néant.

La déclaration de transfert doit être signée par le cédant ou son mandataire.

13° Les Sociétés sont soumises à la contribution mobilière pour les locaux consacrés à leur fonctionnement; nous estimons que le cas d'appliquer cette règle se présentera rarement, les sociétés devant trouver asile à la mairie ou au siège du syndicat, ou chez l'un des administrateurs.

Le crédit populaire en France

Il n'y a pas de crédit populaire et de crédit agricole, — pas plus qu'il n'y a deux interprétations du mot crédit : faire confiance à quelqu'un, qu'il soit ouvrier ou paysan, voilà la chose que signifie le mot. Mais si nous passons à l'application, nous voyons que les conditions du crédit ne sont pas les mêmes pour les différentes catégories sociales. A ne nous occuper que des gens de situation très modeste, pour qui le banquier est un homme qu'on ne voit qu'en rêve, il y a deux institutions qui peuvent leur faciliter le crédit et leur donner la possibilité de produire et de s'élever dans la hiérarchie sociale : la banque populaire, dans les villes ; la caisse agricole, dans les campagnes.

Ces organismes bienfaisants n'existent encore, chez nous, qu'à un trop petit nombre d'exemplaires. Mais les 25 banques populaires et les 300 caisses agricoles dont nous constatons aujourd'hui l'existence sont l'indice que ce mouvement, tout récent encore, est à la veille de prendre son essor définitif et arrivera à égaler sans trop de peine ce brillant exemple que nous donnent l'Allemagne et bien d'autres pays.

Il a fallu tout d'abord réhabiliter les mots « Banque populaire » compromis par des expériences malheureuses, plutôt financières que philantropiques. Il a fallu faire connaître le succès éclatant de ces institutions à l'étranger : il a fallu faire comprendre que le crédit populaire devait avoir son point de départ « en bas » et non en « haut »

Un certain nombre de personnes se sont vouées à l'étude de ces questions et ont entrepris d'en pénétrer l'opinion publique.

Et tous les ans, ces hommes se réunissent dans un « congrès du crédit populaire », lequel se tient successivement dans toutes les grandes villes de France ; c'est ainsi que les congrès se sont tenus à Marseilles, à Lyon, à Bordeaux, à Toulouse, à Bourges, et enfin à Menton, tout près de l'Italie où s'est rapidement développée l'idée coopérative et où les congressistes allèrent étudier sur place le fonctionnement de grandes institutions de crédit populaire.

Ne voulant faire ici aucune personnalité, nous ne citerons aucun nom ; mais il nous faut dire que l'UNION FRANÇAISE DU CRÉDIT POPULAIRE comprend deux groupements : le centre fédératif, qui s'occupe spécialement de l'organisation des congrès, l'autre la société de propagation du Crédit populaire, à qui incombent la propagande et la charge des principales dépenses.

Les deux groupes s'entendent à merveille pour la publication d'un Bulletin mensuel : le Bulletin du Crédit populaire, dont le tome Ier montre victorieusement combien cette matière est attachante et à quels développements elle se prête. En plus de cette publication périodique, il y a eu de nombreuses brochures, des conférences fréquentes, des communications à la presse, tout ce qui peut enfin contribuer au succès du mouvement.

Le gouvernement encourage l'œuvre par une subvention annuelle et par un certain nombre d'abonnements au Bulletin.

Tout cela est bien, mais ce n'est pas assez; tous ceux qui préfèrent faciliter le travail que faire l'aumône, tous ceux qui désirent voir l'ouvrier arriver à s'établir grâce à son mérite, tous ceux qui veulent aider à la transformation pacifique de l'état actuel, seront avec nous dans cette œuvre vraiment nationale.

La société de propagation du Crédit Populaire a son secrétariat général 17, boulevard Saint-Martin; elle se tient à la disposition des hommes de bonne volonté qui veulent créer des banques populaires ou des caisses agricoles, et elle reçoit avec plaisir le concours des sociétaires : la cotisation annuelle est de 6 francs et donne droit à la réception du Bulletin mensuel.

TABLE DES MATIÈRES

été l'origine des monnaies. Aussi, l'échange, nous l'avons vu, ne s'opère point au sein d'une nation civilisée comme chez un peuple barbare. On ne troque point générale- ment un objet pour un autre objet. Le cultivateur qui veut se procurer un vêtement ne donne point du blé à son tailleur. Il échange son blé contre de l'or ou de l'ar- gent, puis il échange cette monnaie qu'il a reçue contre les habits qu'il désire acquérir.

Lorsqu'un peuple trafique sur un grand nombre de marchandises, dit Montesquieu, il lui faut nécessairement une monnaie, parce qu'un métal facile à transporter épargne des frais qu'on serait obligé de faire, si comme aux époques primitives on échangeait directement un objet contre un autre objet.

Définition de la monnaie.

2° La monnaie est un signe qui représente la valeur de tous les travaux et de tous les objets qui sont dans le commerce.

Des métaux employés comme monnaie.
Des qualités qu'ils doivent offrir.

3° Les métaux qui sont employés comme monnaie doivent offrir certaines qualités. Il faut qu'ils soient pré- cieux afin qu'on n'ait pas à redouter des variations aussi fréquentes que funestes. Il faut qu'ils soient en petite quantité et faciles à transporter, c'est-à-dire qu'il faut qu'ils aient un grand prix sous un petit volume. Il faut de plus qu'ils soient homogènes, qu'ils se divisent facile- ment et qu'ils subsistent longtemps. Il importe de plus qu'ils tirent leur valeur d'eux-mêmes, et que chez toutes les nations civilisées on leur attribue un prix à peu près égal (1).

(1) Voir à ce sujet la *Semaine financière* du 31 décembre 1861.

De l'empreinte substituée au pesage.

L'or, l'argent et le cuivre sont les métaux qui réunissent au plus haut point toutes ces qualités. C'est ce qui fait qu'ils ont été choisis. A l'origine, lorsqu'on commença à se servir de la monnaie, on la pesait. Mais bientôt chaque état y mit son empreinte afin que la forme répondit du titre et du poids et que l'on en pût connaître la valeur à première vue. Cette empreinte ou effigie que porte la monnaie n'est autre chose qu'une garantie. Il importe tellement à la prospérité du commerce et à la fortune publique que cette garantie soit sérieuse que les peines les plus sévères sont prononcées contre ceux qui contrefont l'empreinte apposée sur la monnaie. On ne peut prononcer le mot de faux-monnayeur, disait le conseiller d'État Berlier, sans songer à la gravité du crime et aux alarmes qu'il répand dans la société. Aussi le Code pénal de 1810 condamnait-il à la peine de mort ceux qui contrefont ou altèrent les monnaies d'or ou d'argent ayant cours légal, ceux qui les distribuent, les exposent ou les introduisent en France. Cette disposition a été mitigée par la loi du 28 avril 1832 et la peine de mort commuée en peine des travaux forcés à perpétuité. Cette même loi dispose que celui qui aura contrefait ou altéré des monnaies de billon ou de cuivre ayant cours légal en France ou participé à l'émission ou à l'exposition des dites monnaies contrefaites ou altérées, ou à leur introduction sur le territoire français, sera puni des travaux forcés à temps. (Art. 132 du Code pénal.)

De la valeur réelle et de la valeur nominale.

Toute pièce de monnaie a une double valeur : l'une réelle, l'autre nominale. La valeur réelle est celle que la pièce de monnaie tire d'elle-même, c'est-à-dire de la quantité et du titre du métal qu'elle renferme, abstraction faite de l'empreinte qu'elle porte. La valeur nominale au contraire est celle qui est assignée à cette pièce par l'effigie dont elle est frappée. Ces deux valeurs ne sont pas toujours identiquement les mêmes. Ainsi nos pièces d'or qui ont la valeur nominale de vingt francs n'ont qu'une valeur réelle de dix-neuf francs et quelques centimes.

Il est toutefois de la plus haute importance que ces deux valeurs soient entre elles aussi peu différentes que possible. C'est là ce que reconnaissait Montesquieu quand il écrivait : « Ce sera une très-bonne loi dans tous les pays où l'on voudra faire fleurir le commerce que d'ordonner qu'on emploie des monnaies avec leur valeur réelle, et qu'on ne fasse point d'opérations qui puissent leur attribuer une valeur nominale différente. Rien ne doit être si exempt de variation que ce qui est la mesure commune de tout. »

Il ne faut ni trop ni trop peu de monnaie.

« Pour que la fortune d'une nation soit prospère, il faut qu'il n'y ait ni trop ni trop peu de monnaies en circulation. La trop grande abondance de numéraire fait que les autres marchandises atteignent un prix excessif; la pénurie fait que les échanges languissent et que l'ordre économique est troublé. La quantité d'unités monétaires doit dépendre de la quantité des usages qu'on en veut faire, comme le nombre des véhicules indispensables dépend de la masse des marchandises à transporter. »

SECTION QUATRIÈME.
Du papier-monnaie.

Définition du papier-monnaie.

Ce n'est pas seulement sous la forme d'espèces métal-

liques que la monnaie se présente dans la circulation,
c'est aussi sous la forme de papier qui prend le nom de
papier-monnaie. On entend par ce mot un *titre* auquel
un Etat confère, par une disposition législative, la qualité
de monnaie et auquel il assigne une valeur représentant
une somme déterminée.

Le papier-monnaie n'a aucune valeur intrinsèque.

A la différence de la monnaie métallique, le papier-
monnaie n'a aucune valeur par lui-même. Que peut en
effet valoir un morceau de papier? Toute la valeur du
papier-monnaie se tire du prix qui lui est assigné par
l'Etat et surtout de la confiance dont il jouit.

Origine du papier-monnaie.
Law est le premier qui l'introduisit en France.

L'origine du papier-monnaie est fort ancienne. Il
semble en effet que celui-ci ait été employé par les Carthaginois. Ce n'est qu'au siècle dernier que la France en
fit l'expérience. L'économiste Law fut le premier qui in-
troduisit chez nous cette monnaie.

Après avoir joui d'une faveur excessive, elle tomba
bientôt dans le plus complet discrédit.

Des assignats.

En 1789, en présence du déficit énorme causé par
les folles dépenses de Louis XV, la République dut de
nouveau émettre un papier-monnaie resté tristement cé-
lèbre sous le nom d'assignats. Il est intéressant de voir
comment ce papier-monnaie prit naissance. L'Assemblée
constituante, pour faire face à la crise financière qui pesait sur elle, avait décrété la vente de quatre cent millions
des biens du domaine royal et de l'Eglise. Si ordonner

était chose facile, vendre était chose à peu près impossible. C'est alors que Bailly proposa de transmettre les
biens à vendre aux municipalités qui les achèteraient en
masse puis les revendraient en détail. Les municipalités
n'ayant pas de fonds souscriraient des engagements et
l'Etat paierait ses créanciers avec des bons sur les communes que celles-ci acquitteraient successivement. Ces
bons qu'on appela *papier municipal* lors de leur création, furent mis en circulation sous le nom d'assignats.
La loi du 29 juillet 1790 décidait que les assignats garantis par les biens nationaux et remboursables sur les
prix de ces biens devaient être reçus comme espèces dans
les caisses privées et publiques. C'était ainsi leur donner
cours forcé. La confiance qu'ils inspirèrent ne fut ni
bien grande, ni de longue durée. Ils tombèrent prompt-
ement au-dessous de leur valeur nominale. La Conven-
tion chercha vainement à leur donner le crédit qui leur
manquait en multipliant les lois sur le commerce et la
circulation de l'argent. Toutes sont empreintes d'un caractère de violence et d'arbitraire qui trahit la situation
désespérée dans laquelle la France était alors plongée.
Elles ne firent que hâter la disparition des assignats.

Des billets de banque.
Des garanties qu'ils présentent.

Il n'y a guère en ce siècle que la France où le Gouvernement se soit abstenu d'émettre directement du
papier-monnaie. Il le fait émettre par une banque pri-
vilégiée, placée sous sa surveillance, qu'on nomme la
Banque de France. A la différence de ce qui se passait
autrefois, notre papier-monnaie, le billet de Banque,
jouit d'une extrême faveur. A quoi cela tient-il? A ce
qu'il offre les garanties les plus sérieuses. S'il est accepté
avec empressement, s'il a la valeur exacte de la monnaie

d'or ou d'argent, c'est que personne n'ignore que la Banque de France a un encaisse métallique énorme qui répond du paiement. Il y a en ce moment, en circulation, deux milliards et demi de billets de banque, garantis par plus de deux milliards d'espèces métalliques. La Banque de France pourrait donc rembourser en numéraire tous les billets émis par elle, si elle n'était retenue par d'autres considérations. Dans ces conditions, c'est-à-dire, lorsque le papier-monnaie repose sur des garanties sûres, lorsqu'il est payable à volonté et à vue, il est un des instruments d'échange les plus commodes et les plus propres à favoriser le développement de la richesse et les progrès de l'industrie.

NOTE. — Il y a cent ans environ, Adam Smith disait qu'on pouvait aussi bien aller en guerre avec des canons de papier qu'avec du papier-monnaie. L'expérience a donné un démenti éclatant au grand économiste. Depuis vingt-cinq ans presque toutes les nations de l'Europe ont eu recours au papier-monnaie. La Russie en a émis en 1854 et 1855 pour soutenir la guerre de Crimée. L'Autriche a créé celui qu'elle a pour se défendre contre l'Italie en 1859, puis contre l'Allemagne en 1866. Les Etats-Unis ont émis le leur contre la guerre de sécession. Enfin la Turquie combattait il y a quelques mois contre les Serbes avec du papier-monnaie. Si propres que soient ces faits à réhabiliter le papier-monnaie, les Gouvernements ne doivent pas oublier qu'il offre parfois les plus grands inconvénients, parce qu'il peut jeter le trouble dans les situations, favoriser l'agiotage, faire illusion sur les richesses d'un pays, et par là le précipiter dans de folles dépenses.

CHAPITRE V.
De lr consommation.

De la consommation.

Nées du travail, les choses nécessaires à nos besoins sont mises en circulation puis elles finissent par être consommées. Tel est le terme où elles aboutissent fatalement.

Consommation reproductive et consommation non-reproductive.

La consommation ne se présente point toujours à nous sous le même aspect. Les économistes divisent la consommation en consommation productive et consommation improductive, ou, plus justement, non *reproductive*. La consommation reproductive est celle qui détruit, absorbe une valeur pour la remplacer par une autre. En voici un exemple : La laine filée qui a servi à fabriquer du drap n'existe plus à l'état de fil, mais elle est transformée en un produit nouveau qui a une valeur supérieure à celle qu'avait le fil. La consommation non reproductive est celle qui détruit une valeur sans la remplacer. C'est celle que nous faisons des aliments que nous prenons tous les jours, des vêtements qui nous couvrent, des meubles dont nous nous servons.

La consommation reproductive transforme les produits du travail pour en tirer de nouvelles richesses.

Examinons successivement chacune de ces consommations. Comme nous l'avons indiqué par un exemple, la consommation productive a pour résultat de transformer les produits du travail pour en tirer de nouvelles richesses. A quel caractère reconnaît-on qu'une consommation est productive? Est-ce d'après la destination qu'on lui assigne? Non, mais d'après le résultat qu'elle donne. « Il ne suffit pas, dit Mach Culloch, pour prouver qu'on a employé productivement une chose, de dire par exemple qu'elle a été dépensée à l'amélioration du sol, car appliquée sans discernement, elle a pu demeurer stérile. La consommation n'est productive que lorsqu'elle donne naissance à des objets d'une valeur égale ou supérieure à ceux qui ont été employés. Si l'on examine dans quelle limite se manifeste cette consommation productive, on verra qu'elle est en rapport avec les besoins qu'on éprouve des objets qu'elle sert à former. Ainsi, si dans une contrée les habits en tissus de laine sont demandés de toute part, la laine à l'état de fil sera recherchée et employée avec activité.

La consommation non-reproductive donne satisfaction
à nos besoins.
Dépenses nécessaires et dépenses de luxe.

La consommation non reproductive n'a d'autre but que de donner satisfaction aux exigences de notre corps. Parmi les besoins auxquels nous sommes assujétis, il en est qui demandent à être satisfaits sous peine de compromettre notre existence. Ainsi la nourriture et les vêtements nous sont indispensables. Se les procurer, c'est faire une dépense nécessaire. A côté de ces dépenses auxquelles on ne peut se soustraire, viennent s'en placer d'autres qu'on nomme dépenses de luxe. Elles sont destinées à nous procurer des objets qui ne sont pas indispensables à notre vie, mais qui flattent nos goûts et qui rendent plus agréable notre existence.

Du luxe.
De la prodigalité et de l'avarice.

On a déclamé contre le luxe en vers et en prose depuis deux mille ans et on l'a toujours aimé (1). C'est que le luxe, outre l'attrait qu'il présente est aussi utile que

(1) Voltaire, Dict. philosophique.

légitime quand il est borné à de sages limites. Qu'il
vienne à disparaître et on verrait bientôt s'évanouir l'industrie, le commerce, les beaux arts, en un mot à peu
près tout ce qui distingue les peuples civilisés des hordes
barbares. Mais il ne faut pas que le luxe soit excessif.
Car la prodigalité est comme l'avarice, un des écueils
de l'Économie politique. L'une et l'autre, dit J.-B. Say,
se privent des avantages qu'on peut tirer de la richesse,
la prodigalité en épuisant ses moyens, l'avarice en se dé-
fendant d'y toucher. Le prodigue obtient grâce plus
facilement que l'avare, mais sa manière d'agir n'est pas
moins funeste à la société. Par ses folles dépenses, il
enlève à l'industrie des capitaux qui pourraient être
utilisés à reproduire de nouvelles richesses et il porte
ainsi une réelle atteinte à ses progrès. L'avare, pendant
son existence, prive aussi la société des capitaux qu'il
se plaît à entasser stérilement. Mais à sa mort, presque
toujours, sa fortune est mise en circulation. Elle vient
animer et vivifier l'industrie. Ainsi il n'y a qu'un retard
d'apporté à l'usage qui devait être fait de ses richesses (1).

Rapport qui doit exister entre la production et la consommation.

La production et la consommation doivent, pour que
la fortune d'un pays soit florissante, être en rapport
l'une de l'autre. Qu'arriverait-il en effet si l'équilibre
que nous jugeons nécessaire entre ces deux facteurs de
l'économie politique venait à être rompu? Supposons
que la consommation excède la production. La demande
des objets qui nous sont nécessaires deviendrait très-

(1) *Parallèle du Prodigue et de l'Avare*, de J.-B. Say.

active, et alors leur prix s'élèverait d'une manière exorbitante. Si au contraire la production était de beaucoup supérieure à la consommation, les produits étant peu recherchés se vendraient à vil prix.

Il est de la nature des choses que les intérêts du consommateur soient diamétralement opposés à ceux du producteur. Mais, comme l'a justement observé Bastiat, ils sont en parfaite harmonie avec les intérêts généraux de l'État. Que peut en effet souhaiter le consommateur? N'est-ce pas que les objets dont il a besoin, s'offrent à lui en abondance et à un prix modéré? Et pour cela ne doit-il pas désirer que les saisons soient propices à toutes les récoltes, que des inventions de plus en plus ingénieuses mettent à sa portée un plus grand nombre de produits, que les distances s'effacent, que l'esprit de justice et de paix permette au commerce de s'épanouir en sécurité? En tout cela l'intérêt du consommateur est conforme à l'intérêt bien entendu de l'État.

CHAPITRE VI.

Du droit de propriété.

On a comparé la terre à un vaste théâtre que le Tout-Puissant a disposé avec une sagesse et une bonté infinies pour les plaisirs et les travaux de l'humanité entière, où chacun a le droit de se placer comme spectateur et de remplir son rôle comme acteur à condition de ne pas troubler les autres.

Le droit de propriété a son origine dans nos besoins.

L'homme en arrivant sur ce théâtre n'apporte que des besoins à satisfaire. Obligé de veiller à sa conservation

il ne saurait exister sans consommer : il a donc un droit
naturel aux choses nécessaires à sa subsistance et à son
entretien. L'idée de s'approprier ces objets naît avec lui.
La notion de propriété s'est trouvée au berceau de
l'humanité ; elle est ancienne comme le monde, univer-
selle comme la raison.

Le droit de propriété est fondé sur le travail.

D'après les conjectures les plus probables, le droit de
propriété ne s'est d'abord appliqué qu'à des choses mobilières. Les premiers hommes ont songé à recueillir
les fruits qui se présentaient à eux, avant de penser à
partager le sol pour le féconder de leurs travaux. Les
tribus sauvages de nos jours n'agissent pas autrement.
Puis la population s'est accrue. Les ressources que la
nature offrait d'elle-même, n'ont pas suffi : la nécessité
d'augmenter les moyens de subsistance s'est imposée à
l'humanité. Alors est née l'agriculture, alors ont paru les
différents arts. Le sol a été partagé entre les hommes.
Chacun a cultivé la parcelle qui lui est échue, il lui a
confié ses semences, il l'a arrosée de sa sueur ; par le
travail il l'a fait sienne, par le travail il l'a rendue sa
propriété. Est-il à la fois une conquête plus noble et plus
légitime?

Légitimité du droit de propriété.

2° Le droit de propriété a cependant été de nos jours
l'objet des attaques les plus vives. Un économiste est
allé jusqu'à écrire : « *la propriété, c'est le vol.* » Au
point de vue de la raison comme au point de vue des
faits, cette assertion est monstrueuse. Voyons en effet
combien au point de vue de la raison le droit de propriété est légitime. L'homme, dit M. Franck, est né libre,
c'est-à-dire qu'il a la possession de lui-même, l'usage de

ses facultés, de son corps, de son intelligence. Il a par
conséquent le droit d'employer à telle œuvre qu'il préfère, les diverses parties de son être, à condition de ne
point blesser le droit des autres. Or si ses forces, ses
facultés, ses organes sont à lui, l'œuvre à laquelle il les
a consacrés, les résultats qu'il a obtenus, créés en quelque sorte, lui appartiennent au même titre, car ces résultats ne sont en vérité qu'une conquête de son activité,
de sa prévoyance, de son courage. Enlever à l'homme ce
qu'il s'est assimilé par l'application de son intelligence
et de son industrie, ce serait attenter à l'inviolabilité de
sa personne.

Au point de vue des faits, le droit de propriété foncière n'est pas plus discutable. C'est ce que M. About a
démontré dans son livre du *Progrès*. Toutes les propriétés de France, dit-il, sans aucune exception, ont été
achetées au moins une fois par le travail de quelqu'un.
Peut-être restait-il en 1793, quelques hectares acquis
par une autre voie que le travail ; mais depuis, le peuple a tout payé par ses économies. D'ailleurs il n'y a pas
un seul mètre de terre dont la valeur totale n'ait été ra-
chetée par l'impôt de 1789 au jour où nous vivons. Donc
les propriétaires ont acquis leur bien par le travail, centime par centime.

Le droit de propriété n'est pas seulement légitime,
il est nécessaire.

Est-ce assez de dire que le droit de propriété est légitime ? Ne faut-il pas ajouter qu'il est nécessaire ? Que
deviendrait en effet l'agriculture ? Que deviendraient
l'industrie et les arts si le droit de propriété venait à
disparaître ? Si nous n'avions pas la certitude de con-
server cette portion du sol à laquelle nous avons
consacré nos labeurs, attaché nos espérances, nous en

userions comme des mercenaires, non pour la féconder, mais pour l'épuiser. Si l'ouvrier n'avait pas la libre disposition des produits qu'il tire de son travail, s'il ne pouvait épargner pour l'avenir, il se contenterait de suffire à ses besoins les plus urgents et à ceux des siens. Là se bornerait sa production, là s'arrêterait son activité. A quoi bon multiplier ses efforts, mettre en jeu les forces de son corps et les ressources de son intelligence, si ce qu'il produit ne doit point rester entre ses mains, devenir son bien, sa propriété? C'est que, comme l'a dit Portalis, c'est le droit de propriété qui a fondé les sociétés humaines. C'est lui qui a vivifié, étendu, agrandi notre existence. C'est par lui que cet esprit de mouvement et de vie qui anime tout a fait éclore les germes de la richesse. Aussi là où le droit de propriété est sérieusement garanti, là où il est mis à l'abri de toute atteinte, là où il est entouré de respect, là aussi la prospérité règne et s'accroît. « Encouragée par la certitude de jouir de ses conquêtes, l'industrie s'épuise en mille inventions nouvelles, elle transforme des déserts en campagnes, creuse des canaux, sèche des marais, et couvre de moissons abondantes des plaines qui, pendant des siècles, étaient demeurées stériles. »

Le droit de propriété ne crée pas l'inégalité.

On a prétendu que le droit de propriété était l'origine de l'inégalité parmi les hommes. Pour qu'il en soit ainsi, il faudrait prouver que l'égalité a été établie par la nature entre nous. Or où la rencontrons-nous? Nulle part. Et en effet les hommes sont-ils égaux en taille? Sont-ils égaux en forces? Ont-il tous une égale aptitude, un égal talent? Le hasard et les événements ne viennent-ils pas à leur tour ajouter des différences à celles qui ont été établies par la nature?

Un partage égal des terres est une pure utopie.

Pour établir une égalité chimérique, quelques hommes ont rêvé un partage égal des propriétés entre tous les habitants d'un même pays. En supposant possible la réalisation d'une pareille entreprise, aboutirait-elle au résultat qu'on veut obtenir ? Assurément non. Admettons un instant que toutes les propriétés soient égales aujourd'hui, le seraient-elles encore demain ? Le seraient-elles dans six mois ? Le prodigue n'en aurait-il pas aliéné une partie pour satisfaire ses goûts ou assouvir ses passions ? Le commerçant qui préfère l'argent à la propriété foncière n'aurait-il pas fait de même ? L'inégalité ne cesserait que pour renaître parce qu'elle est de l'essence des choses.

Chacun de nous a la libre disposition des biens qui nous appartiennent.

La loi civile, a dit Montesquieu, doit être la sauvegarde de la propriété. C'est là le principe dont s'inspirèrent les législateurs de 1804 dans la première partie de l'article 537 du Code civil. Ils comprirent qu'il importait de consacrer solennellement cette liberté comme la garantie la plus efficace du droit de propriété.

Mais ce principe, quelque sage qu'il soit, aurait pu entraîner à sa suite de fatales conséquences, si l'usage que chacun peut faire de sa propriété, avait été soustrait à la surveillance de la loi. Il a donc fallu, en même temps qu'on assurait aux particuliers la libre disposition de leurs biens, ajouter à cette maxime inviolable le principe non moins sacré que cette disposition était soumise aux modifications établies par la loi.

Restrictions apportées au droit de propriété.

C'est ainsi par exemple, qu'un propriétaire ne peut

avoir des vues sur le fonds voisin qu'à une certaine dis-
tance (art. 678, 679 C. civ.); ainsi qu'il ne peut dé-
verser sur ce fonds les eaux pluviales qui découlent de
son toit ; ainsi qu'il ne peut établir certaines construc-
tions sans observer les prescriptions de l'article 674.

L'intérêt général ne devait pas être garanti avec moins
de soin que l'intérêt particulier. De nombreuses lois ont
été portées pour empêcher les abus de la propriété qui
seraient des dangers pour la vie des citoyens, ou des
atteintes portées à la sûreté de la société. Je n'en citerai
que quelques-unes à titre d'exemple.

Les lois sur les établissements dangereux et insalu-
bres.

Les lois sur les mines.

Les lois sur l'alignement de la voirie.

Quelque absolu que soit le droit du propriétaire sur
les biens qu'il possède, ces biens peuvent lui être enle-
vés au nom de l'intérêt public. Ce privilége, accordé à la
société, d'exiger d'un particulier la cession complète de
sa propriété n'est pas de date récente. Il a son origine
dans une ordonnance de Philippe-le-Bel. L'Assemblée
Constituante le consigna dans la déclaration des Droits
de l'homme. Depuis cette époque, il fut reproduit sinon
expressément, du moins implicitement dans les constitu-
tions qui ont régi la France.

Aux termes de l'art. 17 de la déclaration des droits de
l'homme, l'expropriation n'était admise que pour cause
de nécessité publique. Les rédacteurs du Code trouvè-
rent ces termes trop restrictifs. Pensant avec raison que
ce n'est pas seulement lorsque l'existence de la société
l'exige, mais alors aussi qu'elle y a un avantage considérable, que l'on peut demander à un particulier le sacrifice de son droit, ils admirent la proposition pour
cause d'utilité publique.

Le droit de propriété dont nous avons établi la légi-

3

limité, démontré la nécessité « consiste à jouir et à disposer des choses de la manière la plus absolue, pourvu
que nous n'en fassions pas un usage prohibé par les
lois. » La libre et tranquille possession des biens qu'on
possède est le droit essentiel de tout peuple qui n'est pas
esclave. Chaque citoyen doit garder sa propriété sans
trouble. Cette propriété ne doit jamais recevoir d'atteinte ; et elle doit être assurée comme la Constitution
même de l'Etat.

Le propriétaire peut transmettre ses biens à son décès.

Le propriétaire qui, pendant sa vie, a la libre disposition de ses biens, peut, à sa mort, les transmettre à d'autres personnes (1). Puisqu'il y a une vie d'outre-tombe,
dit le grand Leibnitz, il est naturel que le mourant puisse
faire des dispositions à cause de mort. Si l'homme ne
rentre pas dans le néant, pourquoi ne respecterait-on
pas la volonté de ceux que la mort fait passer dans une
sphère supérieure (2.? Ajoutons qu'enlever à l'homme le
droit de disposer des biens qu'il a acquis, lui ravir le
pouvoir de les transmettre aux personnes qui lui sont
attachées par les liens du sang ou de l'amitié, ce ne serait pas seulement commettre une injustice, ce serait
dérober à l'activité humaine un de ses stimulants les plus
énergiques. Ce serait empêcher l'homme de travailler

(1) Le droit de disposer par testament a été attaqué par
Mirabeau dans un discours qui fut lu après sa mort. Mais le
grand législateur n'a rallié à sa cause que de rares partisans.

(2) Le Code civil a reconnu la liberté de tester et l'a posée
en principe, mais en lui fixant certaines limites. Ainsi un père
qui a des enfants ne peut disposer de la totalité de ses biens
en faveur d'étrangers. (Voir l'art. 913 du Code civil.)

pour l'avenir; ce serait empêcher le père de travailler pour ses enfants.

CHAPITRE VII.

Du salaire.

Du salaire.

On appelle salaire la rétribution due au travail de l'homme qui met son industrie ou ses forces au service d'autrui.

Comment varie le taux du salaire.

Parmi les diverses sortes de travaux qu'embrasse l'activité humaine, il en est qui obtiennent une rétribution plus grande les unes que les autres. Le taux du salaire varie : 1° suivant que l'emploi est aisé ou pénible, propre ou malpropre, honoré ou méprisé ; — 2° suivant que l'apprentissage est long ou court, facile ou difficile, coûteux ou bon marché ; — 3° suivant que le travail peut se faire en tout temps, ou qu'au contraire il peut être suspendu par suite de circonstances fortuites, par exemple, par suite de l'intempérie des saisons ; — 4° suivant que la confiance qu'on accorde à la personne qui loue ses services est plus grande ou moins grande.

Il est assujetti à la loi de l'offre et de la demande.

Le salaire est assujetti à la loi de l'offre et de la demande. Pour me servir des expressions de Cobden, « le salaire hausse quand deux maîtres courent après un ou-

vrier ; il baisse quand deux ouvriers courent après un
maître. »

Diverses circonstances influent sur le taux du salaire.
Il s'élève ou s'abaisse suivant que le commerce prospère
ou languit. Une branche d'industrie est-elle florissante
dans un pays ? les ouvriers sont assaillis de demandes ;
ils peuvent exiger une augmentation pour le prix de leur
travail. Arrive-t-il au contraire que cette même industrie
soit en souffrance ? les ouvriers ne peuvent louer leur
travail, ou tout au moins ils sont obligés de se contenter
d'un prix inférieur.

Le salaire varie encore suivant qu'il y a dans un pays
abondance ou disette. Dans les années d'abondance, les
produits nécessaires à l'existence se vendent aux consommateurs à prix réduits. Il reste à la plupart de ceux-
ci de quoi se procurer des objets manufacturés. Au contraire, dans les années de disette, le prix des denrées
s'élevant, les consommateurs sont en grande partie réduits à se contenter du nécessaire. Le commerce languit,
le salaire baisse.

C'est une erreur de croire que les machines portent atteinte
au taux du salaire.

Est-il vrai de dire que les machines privent les classes
ouvrières de leur travail, et par suite leur enlèvent leurs
moyens de subsistance ? Quelques économistes l'ont prétendu. « Si, à l'aide de machines, disent-ils, on fait
avec un ouvrier la besogne qui exigeait auparavant le
travail de dix, on en met neuf sur le pavé. Et ces neuf
ouvriers iraient vainement chercher de l'ouvrage ailleurs, car l'art mécanique aura dû s'introduire dans tous

les ateliers. Ainsi ils ne trouveront nulle part à travailler et à gagner leur vie. »

L'expérience montre combien est parfois erronée cette opinion malheureusement trop répandue. Ainsi en Angleterre, avant 1769, il n'y avait que 7,900 ouvriers employés à la filature et au tissage du coton. Les machines d'Arkwright et de Watt furent employées à la filature vers 1777. Le nombre des ouvriers occupés à l'industrie cotonnière diminua-t-il ? Loin de là. Il était en 1787 de 352,000. En 1833, il s'élevait à 187,000. En comptant le nombre des ouvriers employés aux industries qui se rattachent à celle dont nous parlons (impressions sur les étoffes, fabrications de tulles, on arrivait au chiffre de 800,000 personnes livrées à l'industrie cotonnière. Aujourd'hui, le nombre est d'environ 2,000,000.

Pour choisir un autre exemple prenons l'imprimerie. Si on compare les cinq ou six mille copistes employés au moyen-âge à faire les manuscrits au nombre d'ouvriers qu'occupe l'imprimerie, on se convainct aisément que l'invention de Guttemberg a été un bienfait pour la classe ouvrière. La France nous offre d'abord une preuve évidente de cette vérité, que les machines sont plutôt les auxiliaires que les ennemis des ouvriers. En effet, jamais il n'y a eu plus de machines en France que depuis soixante ans, et jamais la condition faite aux ouvriers n'a été plus favorable. Aussi, si parfois une invention nouvelle semble devoir amener une crise, il ne faut point s'alarmer tout d'abord et crier comme une foule aveuglée : A bas les machines ! Plus d'une fois ce qui a paru devoir préjudicier aux ouvriers a été pour eux une nouvelle source de richesses.

Loi d'airain.

Le socialiste allemand de Lasalle a soutenu de nos jours que le salaire était soumis à ce qu'il appelle la loi d'airain (1). La loi d'airain est celle en vertu de laquelle dans la société telle qu'elle est, sous l'action de l'offre et de la demande, le salaire moyen est réduit à ce qui est indispensable pour permettre à l'ouvrier de vivre et de se perpétuer. C'est là le niveau vers lequel gravite dans ses oscillations le salaire effectif sans qu'il puisse long-temps se maintenir ni au-dessus, ni au-dessous. Il ne peut rester d'une façon durable au-dessus de ce niveau, car, par suite d'une plus grande aisance le nombre des ma-riages et des naissances s'accroîtrait dans la classe ou-vrière, ainsi le nombre des bras cherchant de l'emploi ne tarderait pas à s'augmenter et s'offrant à l'envi, la concurrence ramènerait le salaire au taux fatal. Il ne peut pas non plus tomber au-dessous de ce niveau, car la gêne et la famine amèneraient la mortalité, la dimi-nution des mariages et des naissances, par suite la ré-duction du nombre des bras. L'offre de ceux-ci étant moindre, le prix hausserait par les concurrences des maîtres se disputant le travail et le salaire serait ramené au taux normal.

La loi d'airain ne s'applique pas en France.

La loi d'airain s'applique peut-être au salaire des ou-vriers allemands, mais à coup sûr, elle ne se rencontre pas en France. En effet, depuis le commencement de ce siècle, le salaire s'est élevé en France de vingt-cinq à cinquante pour cent. En même temps le prix des denrées nécessaires à la vie a subi une diminution. Cette réduc-tion est pour le blé de quinze à vingt pour cent. Cela veut dire que, grâce au progrès de la science et de l'in-dustrie, avec la même somme de travail, on produit au-

(1) Extrait de la *Revue des Deux-Mondes*. — Article de M. Em. de Laveleye.

jourd'hui davantage. Cet accroissement de la production
déterminant le bon marché des produits profite surtout à
la main-d'œuvre. L'ouvrier voit s'accroître sous une
double forme le salaire qu'il touche, la somme est plus
forte en effet et appliquée aux nécessités de la vie, elle
procure plus d'avantages.

CHAPITRE VIII.

Du louage d'argent ou prêt à intérêt.

Définition du prêt.

Le prêt à intérêt est un contrat par lequel une personne livre à une autre une certaine somme d'argent, ou
d'autres objets qui se consomment par le premier usage,
en stipulant outre la remise d'objets de même qualité et
quantité, un dédommagement pour la privation momen-
tanée de sa chose. L'intérêt est le prix de la jouissance
des choses prêtées ; il forme la différence entre la valeur
prêtée et la valeur à rendre.

Notions historiques.

Il n'est qu'un peuple dans l'antiquité qui n'ait point
pratiqué le louage d'argent, ou prêt à intérêt ; c'est la
nation juive. Tu ne prendras point d'intérêt de ton frère,
nous dit le législateur des Hébreux, ni intérêt d'argent,
ni intérêt de comestibles, ni intérêt d'aucune chose qu'on
prête à intérêt. Le prêt à intérêt était défendu de juif à
juif pour deux raisons : l'une tirée du naturel de ce
peuple, l'autre de la constitution de son gouvernement.
C'est qu'en effet chez un peuple presque exclusivement
voué à la culture et à l'élevage des troupeaux, la néces-

sité de recourir à un emprunt ne pouvait résulter que d'un accident. Au nom de la charité il était défendu à un juif de spéculer sur le malheur de son frère. Au point de vue politique le prêt à intérêt était proscrit comme devant porter une grave atteinte à l'égalité des fortunes, et détruire l'équilibre des propriétés, bases fondamentales du gouvernement.

À l'égard de l'étranger, le prêt à intérêt était permis aux juifs. Nous lisons en effet dans l'exode : « De l'étranger, tu peux prendre de l'intérêt, mais tu ne prendras pas de l'intérêt de ton frère pour que l'Eternel ton Dieu te bénisse en toutes choses où tu mettras la main. »

L'Evangile, d'après les théologiens du moyen-âge, s'inspira des préceptes consacrés par Moïse, et le Christ proclama après lui que les hommes devaient se secourir mutuellement sans espoir de récompense. « Benefacite et diligite vos et mutuum date, nihil inde sperantes. »

Si, quittant la Judée, nous passons en Grèce, nous rencontrons là le prêt à intérêt en pleine vigueur. Le taux de l'intérêt était en général de dix-huit pour cent. Si quelquefois il descendait à douze, parfois aussi il s'élevait à trente pour cent. Peut-être est-ce des Grecs que nous vint l'usage de compter les intérêts à raison de cent pour le capital parce qu'ils partageaient la mise en cent drachmes. Il est hors de doute que le prêt à intérêt était également pratiqué par les Romains et les Gaulois. En était-il de même chez les Phéniciens et les Carthaginois ? Tout nous convie à le croire quand nous songeons à leurs relations commerciales si étendues, et aux richesses que tous les historiens se plaisent à leur attribuer.

Le prêt à intérêt rencontra dans le Christianisme un dangereux adversaire qui, pendant des siècles, le fit repousser par les lois civiles de l'Europe. Peu soucieuse

des intérêts sociaux, foulant aux pieds avec plus de ri-
gueur que de sagesse, les nécessités commerciales, la
loi nouvelle considère le prêt à intérêt comme une op-
pression du faible par le fort, comme une exploitation du
pauvre par le riche. Aussi ne tarde-t elle pas à élever sa
voix austère pour frapper d'anathème une pareille institution. Les prohibitions de Moïse et de l'Evangile de-
vinrent les règles du moyen-âge sur le sujet qui nous
occupe.

Du quatrième au treizième siècle, les règles canoni-
ques s'imposèrent en souveraines. Le pouvoir royal leur
avait donné son adhésion. Deux capitulaires de Charle-
magne flétrissent du nom d'usure le prêt à intérêt le plus
modéré et interdisent tout profit de ce genre. Il arriva
cependant un moment où les prohibitions et les menaces
contenues dans les édits échouèrent contre les habitudes
que les nécessités de la vie et les besoins du commerce
enracinaient chaque jour au sein des populations. Aussi
en 1332, Philippe de Valois, sans précisément autoriser
le prêt à intérêt, prend l'engagement de ne lever, ni
faire lever amende, quelle qu'elle fût, à l'occasion des
intérêts qui n'excéderaient pas un denier la livre par
semaine. Néanmoins la prohibition de prêter à intérêt
subsistait en principe. N'osant la violer ouvertement, on
s'efforça de l'éluder de mille manières. C'est alors qu'on
imagina une série de contrats qui sous des formes différentes déguisaient tous un prêt à intérêt. Le Mohatra,
les Trois Contrats, le Change, la Rente constituée sont
les plus curieuses et les plus connues de ces créations
juridiques.

Légitimité de l'intérêt.

La légitimité du prêt à intérêt fut hautement procla-
mée par tous les économistes du dix-huitième siècle.

Assurément disait Bentham, un écu n'engendre pas un
écu pas plus que le loyer d'une maison ne naît du toit ou
des murailles. Mais l'argent est le signe des valeurs, un
intermédiaire au moyen duquel nous nous procurons
toutes choses. Une somme d'argent représente donc pour
celui qui la possède, la faculté d'acquérir, soit un fonds
frugifère, soit des marchandises susceptibles d'être re-
vendues avec bénéfice, soit enfin des outils nécessaires à
la culture de son champ. C'est donc un instrument dont
il peut faire un usage lucratif. S'il le prête, s'il le met à
la disposition d'un autre, n'est-il pas juste, n'est-il pas
légitime, qu'il participe au gain que l'emprunteur en a
pu tirer. C'est la juste haine de l'usure, disait le tribun
Albisson, qui a fait repousser le prêt à intérêt. Mais autant l'une est coupable, autant l'autre est légitime. Autant
l'une peut faire de malheureux, autant l'autre peut sou-
lager. Autant l'usure peut nuire au commerce, autant un
intérêt modéré peut contribuer à sa prospérité. Voulez-
vous paralyser l'industrie qui manque de moyens? Fer-
mez-lui les bourses qui pourraient l'aider ; car ce serait
en fermer le plus grand nombre que de ne leur permettre
de s'ouvrir que gratuitement.

Dispositions législatives autorisant le prêt à intérêt.

Le décret des 3 et 12 octobre 1789 est le premier
acte législatif qui ait admis le prêt à intérêt. L'Assemblée
nationale a décrété que tous les particuliers, corps,
communautés et gens de main-morte, pourront à l'avenir prêter l'argent à terme fixe avec stipulation d'intérêt,
suivant le taux déterminé par la loi, sans rien innover
aux usages du commerce. L'article 1905 du Code civil
reproduisit cette disposition en l'étendant. Il est permis,
dit-il, de stipuler des intérêts, pour simple prêt, soit
d'argent, soit de denrées ou autres choses mobilières.

Loi de 1807.

Sous l'empire de cette loi, il appartenait aux parties de déterminer à leur gré le taux de l'intérêt. Elles avaient à cet égard une liberté absolue. La loi du 3 septembre 1807 est venue entraver cette liberté des conventions en décidant que l'intérêt conventionnel ne pourrait excéder en matière civile cinq pour cent, ni en matière commerciale six pour cent. Cette loi, encore en vigueur, a été vivement critiquée par les économistes et certes elle mérite tous les reproches qui lui ont été adressés.

La liberté du taux est conforme aux intérêts économiques.

Si l'on se demande en effet, ce que représente rationnellement l'intérêt de l'argent, on trouve en lui deux éléments excessivement variables : Je veux parler de la prime de l'argent et des risques courus. N'est-il pas tout d'abord évident que le prix du loyer de l'argent est soumis à l'empire des circonstances et assujetti à d'incessantes fluctuations. Elevé, si le numéraire est rare, il diminue dès que celui-ci devient abondant. Le législateur peut-il régler ou même prévoir des variations qui surgissent à l'improviste. Peut-il imposer une règle immuable à ce qui est essentiellement changeant. C'est là ce qui dépasse son pouvoir. La fixation de l'intérêt ne peut être relative qu'à l'époque où elle est faite. Exiger l'uniformité quand la condition des prêteurs et des emprunteurs est destinée à se modifier d'un jour à l'autre, n'est-ce pas là une véritable utopie ?

Quant à la prime des risques courus, elle forme un deuxième élément aussi variable que le premier. C'est qu'en effet si l'argent de tous les prêteurs se vaut, les promesses de tous les emprunteurs sont loin de se valoir. Si l'on raisonne d'après la loi, il n'y aura certainement d'intérêt juste que celui qu'elle détermine. Cependant, dans les idées naturelles, un intérêt de sept pour cent peut n'être pas plus injuste qu'un intérêt de trois pour cent. Est-il besoin de démontrer une pareille proposition ? Primus prête à sept pour cent à Secundus, négociant hardi qui va au-delà des mers, n'offre aucune garantie, ne reviendra peut-être jamais. Tertius au contraire fait au taux de cinq pour cent, un prêt à Quartus, homme solvable, offrant toutes les garanties désirables. Quel est celui qui prend un taux excessif ? N'est-ce pas en réalité Tertius ?

Ne suffit-il pas d'ailleurs de faire un appel au bon sens le plus élémentaire pour se convaincre de ce qu'a d'étrange la réglementation de l'intérêt ? Qu'un homme vende ses biens ruraux pour acheter des maisons ; que du prix de vente ainsi employé il retire dix et même quinze pour cent, une pareille spéculation est considérée par la loi comme étant parfaitement licite, elle échappe à tout contrôle. Qu'un propriétaire au contraire aliène ses immeubles et qu'il prête l'argent qu'il en reçoit, la loi intervient pour surveiller cette opération, pour imposer des limites au bénéfice qu'il en doit retirer.

Mais, dit-on, la loi de 1807 a pour but de protéger l'emprunteur. Voyons ce qu'a de vrai cette proposition. Il est certain cas où l'on a besoin d'argent, où un emprunt devient nécessaire. Que se passe-t-il alors ? Ou l'emprunteur est solvable, ou il ne l'est pas. S'il est solvable, il trouvera toujours à emprunter à un taux fort modéré ; si au contraire il est insolvable, il ne trouvera personne qui veuille lui avancer de l'argent au taux fixé par la loi. Il sera certain de se passer d'un argent qui pour lui serait peut-être le salut. « L'étrange protection que celle de la loi de 1807 ! Elle se réduit à celle dont on accablerait un homme pressé par la faim à qui l'on dirait : Tu mourras plutôt que de payer ce morceau de pain son prix, parce que ce prix est au-dessus de mon estimation. Ici comme presque partout, c'est la protection qui tue, c'est la liberté qui vivifie.

L'Angleterre, la Belgique, la Hollande, les duchés de Brême, de Cobourg et d'Oldenbourg jouissent de la liberté du prêt à intérêt. Elle existe également dans les cantons de Genève, de Lausanne, de Vaud et de Bâle, et nulle part on ne se plaint qu'elle ait produit de fâcheux résultats.

CHAPITRE IX.

De l'impôt.

Il n'existe pas dans une société, dit M. Baudrillart, un seul genre de travail qui consiste à cultiver, à tisser, à faire des étoffes, à construire des habitations, en un mot à se nourrir, à se vêtir, à se loger. Il y en a un second non moins indispensable qui consiste à protéger le premier. Cette protection est accordée aux particuliers par l'Etat au moyen d'agents employés à divers services. C'est pour payer ces agents dont le concours nous est si nécessaire que l'Etat exige des impôts. On peut donc définir l'impôt « un prélèvement opéré par l'Etat sur la fortune ou le travail des citoyens pour subvenir aux charges publiques. »

Caractère de l'impôt.

(1) « Jusqu'à 1789, l'impôt a pu être considéré comme un tribut, comme une redevance payée par des sujets à

---

(1) Bathie, *Cours d'Économie politique.*

un souverain qui pouvait l'exiger en vertu d'un droit qu'il tenait de ses ancêtres. Aujourd'hui, l'impôt n'est point un tribut, une redevance, c'est la part de chacun dans les dépenses publiques. Ce n'est pas la charge imposée par un suzerain à un vassal ; c'est la contribution établie après délibération de nos représentants, pour supporter les frais qu'entraîne l'organisation de la Société.

De la part à payer par chacun de nous.

En ce qui concerne nos personnes, chaque membre retire de la protection sociale un service égal; puisqu'une existence doit être considérée comme aussi précieuse qu'une autre.

Au contraire, au point de vue de la protection des biens, l'inégalité des fortunes fait que les dépenses publiques profitent inégalement aux contribuables. L'impôt, dit M. Bathie, auquel nous empruntons cet aperçu, doit donc se composer d'une taxe égale par tête, et de taxes plus ou moins considérables, suivant les facultés de chaque contribuable.

Des règles d'un impôt idéal.

Voici en quelques mots les règles qui, suivant Adam Smith et Sismondi devraient régir la matière des impôts,

L'impôt doit être établi avec *justice, certitude, commodité, économie.*

Il doit porter sur le revenu, non sur le capital.

Il doit porter sur le revenu net, non sur le revenu brut.

Il ne doit pas atteindre la partie des revenus nécessaires à l'existence.

Il doit être d'autant plus modéré que la richesse qu'il frappe peut plus facilement se dissimuler.

Après avoir dit comment devrait être établi l'impôt

voyons ce qu'il est en réalité dans notre organisation administrative.

Impôts d'autrefois.

Dans notre ancien droit, l'impôt se divisait en tailles personnelles : tailles réelles et impôt sur les denrées et marchandises Les tailles personnelles frappaient chaque chef de famille, eu égard à tout ce qu'il possédait, moins ses immeubles. Ce système avait surtout le tort d'offrir un caractère arbitraire. Comment en effet établir d'une manière certaine le chiffre de la fortune d'un particulier ? Un autre inconvénient odieux de cet impôt était de ne point atteindre ceux qui auraient pu le payer le plus facilement : les nobles et le clergé. La taille réelle s'adressait à la terre, aucune dispense n'était admise. C'est notre impôt foncier d'aujourd'hui. Les impôts sur les denrées et marchandises qui prenaient le nom d'aides et entrées étaient ce que nous appelons aujourd'hui les contributions indirectes.

Impôts directs et impôts indirects.

Dans notre système financier actuel on distingue les impôts ou contributions en contributions directes et contributions indirectes.

Les contributions directes sont des impôts perçus à l'aide de rôles nominatifs, sur lesquels sont inscrits les noms des contribuables et les sommes qu'ils doivent verser entre les mains des agents du fisc.

Les contributions indirectes sont des taxes frappant des marchandises. Je citerai comme exemple l'impôt sur les boissons. Elles se perçoivent chaque fois que se produisent certains faits : chaque fois par exemple qu'une pièce de vin passe de la cave du vigneron dans celle de l'acheteur. On ne peut connaître d'avance quel sera le produit des contributions indirectes. Il s'élève généralement à 1,600 millions.

Il est un grand principe admis en matière d'impôt : c'est que les contributions ne doivent reposer que sur des bases fixes et pour ainsi dire palpables. Ainsi disparaît ce caractère arbitraire qu'elles avaient autrefois. On ne saurait toutefois nier qu'il serait plus équitable que l'impôt ne frappât que le revenu. Mais on a à craindre la fraude et les déclarations mensongères, et on doit redouter d'être entraîné à un système d'inquisition pour connaître la vérité.

Impôt proportionnel.

L'impôt peut être proportionnel ou progressif. L'impôt proportionnel est celui dans lequel chaque unité de revenu supporte un impôt, de sorte que l'impôt croît proportionnellement au revenu. L'impôt progressif est celui dans lequel l'accroissement de l'impôt est tel que les unités subséquentes supportent une part plus considérable que les unités précédentes, en sorte qu'il arrive un moment où le revenu est entièrement absorbé par l'impôt. L'article 15 de la Constitution du 4 novembre 1848 pose le principe de la proportionnalité de l'impôt.

L'impôt direct embrasse quatre catégories de contributions : 1° la contribution foncière ; 2° la contribution personnelle et mobilière ; 3° la contribution des portes et fenêtres ; 4° et enfin la contribution des patentes.

Impôts de répartition et impôts de quotité.

Les trois premières contributions sont dites impôts de répartition ; la quatrième est un impôt de quotité.

Les impôts de répartition sont ceux dont le montant total en principal est fixé chaque année par l'Assemblée nationale qui le répartit entre les départements qui ont ainsi un contingent pour chacune des trois contributions.

Les Conseils généraux répartissent ce contingent entre les arrondissements. Les Conseils d'arrondissement le répartissent entre les communes ; enfin les répartiteurs répartissent le contingent communal entre les contribuables.

Pour l'impôt de quotité, chaque contribuable paie une taxe ; la réunion de ces taxes produit le total de la contribution qu'on ne peut connaître à l'avance. — Tous les impôts indirects sont des impôts de quotité.

De graves reproches ont été adressés à notre système de contributions. Il est vrai qu'il est loin d'être parfait. Mais est-il possible d'atteindre l'idéal en cette matière ? C'est ce qui est fort douteux. « Lorsque l'état des dépenses publiques ne permet pas de réduire les impôts, et que d'ailleurs on ne propose pas d'impôts mieux assis et mieux répartis, les critiques demeurent stériles. Car il faudrait remplacer les taxes qu'on blâme, et on ne trouverait que des combinaisons aussi mauvaises ou pires encore. »

De la nécessité de l'impôt.

Un ministre du gouvernement de Juillet a dit un jour à la tribune « que l'impôt était le meilleur des placements. » Nous sommes certainement loin de partager cette opinion. Mais ce qu'il y a d'incontestable, c'est que les impôts sont d'une absolue nécessité. C'est ce que M. Batbie a parfaitement mis en lumière dans le passage suivant: « Pour protéger le travail et les propriétés, dit-il, il faut faire des dépenses publiques, sans lesquelles il n'y aurait ni sécurité, ni ordre, ni production, ni richesse. Pour couvrir ces dépenses publiques, des ressources sont nécessaires, et l'impôt est le moyen normal d'y faire face. Les dépenses publiques et les impôts qui leur correspondent sont la première condition de la production

4

de la richesse : toute économie faite au détriment de la sécurité publique serait désastreuse, car on perdrait beaucoup plus par suite de la diminution de production qu'on ne mettrait en réserve par les économies. Les dépenses publiques sont les frais généraux de la société, il serait tout aussi insensé en matière de gouvernement de ne pas dépenser ce qui est nécessaire pour avoir un État bien policé, que de réduire en matière industrielle la dépense des frais généraux, indispensables pour assurer et étendre la production. »

Chaumont, 18 avril 1877.

TABLE DES MATIÈRES.

CHAUMONT. — IMPRIMERIE CH. CAVANIOL.

www.ingramcontent.com/pod-product-compliance
Lightning Source LLC
Chambersburg PA
CBHW071321200326
41520CB00013B/2841